高等教育艺术设计系列教材

室内设计原理

沈 婧 编著

清华大学出版社
北京

内 容 简 介

本书针对我国室内设计的现状，从室内设计内容、室内设计方法、室内设计的相关学科、室内设计风格流派等理论知识出发，阐述了室内设计的基本概念、设计方法、造型与表现手法，强调室内设计项目化教学与实践的具体内容。本书从功能、技术、视觉、交互体验等角度出发，全面解决用户需求，探讨未来室内设计的新趋势。本书介绍了大量实用案例，同时将教学成果融入案例中，并将课程思政内容融合到各章具体内容中。

本书适合艺术设计类相关专业学生学习，也可以作为相关从业人员的学习资料。

本书封面贴有清华大学出版社防伪标签，无标签者不得销售。
版权所有，侵权必究。举报：010-62782989，beiqinquan@tup.tsinghua.edu.cn。

图书在版编目（CIP）数据

室内设计原理/沈婧编著. —北京：清华大学出版社，2023.9（2025.1重印）
高等教育艺术设计系列教材
ISBN 978-7-302-64577-1

Ⅰ.①室…　Ⅱ.①沈…　Ⅲ.①室内装饰设计－高等学校－教材　Ⅳ.①TU238.2

中国国家版本馆 CIP 数据核字（2023）第 169233 号

责任编辑：张龙卿
封面设计：曾雅菲　徐巧英
责任校对：李　梅
责任印制：宋　林

出版发行：清华大学出版社
网　　址：https://www.tup.com.cn，https://www.wqxuetang.com
地　　址：北京清华大学学研大厦 A 座
邮　编：100084
社 总 机：010-83470000
邮　购：010-62786544
投稿与读者服务：010-62776969，c-service@tup.tsinghua.edu.cn
质量反馈：010-62772015，zhiliang@tup.tsinghua.edu.cn
课件下载：https://www.tup.com.cn，010-83470410

印 装 者：三河市龙大印装有限公司
经　　销：全国新华书店
开　　本：210mm×285mm　　印　张：13.5　　字　数：393 千字
版　　次：2023 年 9 月第 1 版　　印　次：2025 年 1 月第 2 次印刷
定　　价：79.00 元

产品编号：097862-01

前言

环境设计是集艺术、人文、科技为一体的综合性学科领域，涉及自然生态环境与人文生态环境的各个领域。随着生活水平的不断提高，人们对居住质量的要求也在进一步提高，良好的居住环境有助于人们的身心健康。室内设计能够充分发挥建筑物的性质和功能并为其增值。在专业发展引导下，社会发展新形势及人们对环境的新理解，促使室内设计人才培养方向及教学内容应及时更新与完善，与之匹配的教学模式必须与时俱进，不断革新。

室内设计原理是高等院校环境设计专业的核心基础理论课，是专业设计先修课程，对设计基础、创造性思维等基础课程起到延展作用，在环境设计专业几大方向课程体系中对相关课程起着引领作用。同时在专业教育进程中，室内设计原理是理论基础到设计实践的过渡课程，发挥着引导基础理论课和支撑核心设计课的作用。

本书系统阐述了室内设计的基本原理和设计方法，密切联系建筑技术，关注建筑室内设计的发展趋势。通过系统讲授理论知识，完成对学生基本专业技能的培养，帮助学生树立正确的设计观，为培养从事建筑设计、室内设计专业工作的人才奠定坚实的理论基础。本书内容包括室内设计概述、室内设计程序与方法、室内空间设计基础、室内设计实践案例等重要知识点。

本书将理论与实践相结合，采用项目化教学方法，引入大量实际案例进行讲解，在实践环节中体现思政元素，强调专业知识与思政融合，培养学生具备室内设计行业相关岗位所需的职业素养与社会使命感，能够从客户需求和客观环境出发，为客户提供专业的室内设计方案。

本书由武汉传媒学院沈婧编写，在此特别感谢武汉七星设计工程有限责任公司和武汉山屿建筑装饰设计工程有限公司提供的大量设计案例。陈珊珊、李梦蔚、李雨佳等同学参与了本书的图片收集及整理工作。本书在编写过程中借鉴和引用了一些优秀作者的文献及图片资料，并得到多年从事建筑设计、室内设计的专家、学者及设计师的大力支持。由于写作时间有限，部分图片来源于网络，因未能及时联系到原创作者，在此向相关作者表示歉意，并表示衷心的感谢。

因编者经验不足，本书有不妥之处，恳请各位同人提出批评和建议。

编　者

2023 年 3 月

目　录

第一章　室内设计概述　1

第一节　室内设计的基本概念 …………………………………………………………… 1
第二节　室内设计的历史发展及流派 …………………………………………………… 23
第三节　室内设计师 ……………………………………………………………………… 42

第二章　室内设计程序与方法　46

第一节　室内设计思维方法 ……………………………………………………………… 46
第二节　室内设计图纸表达 ……………………………………………………………… 51
第三节　室内设计程序步骤 ……………………………………………………………… 69

第三章　室内空间设计基础　74

第一节　空间与功能 ……………………………………………………………………… 74
第二节　造型与艺术 ……………………………………………………………………… 109
第三节　陈设与绿化 ……………………………………………………………………… 145
第四节　材料与构造 ……………………………………………………………………… 163

第四章　室内设计实践案例　175

第一节　居住空间室内设计 ……………………………………………………………… 175
第二节　酒店民宿空间室内设计 ………………………………………………………… 184
第三节　餐饮空间室内设计 ……………………………………………………………… 195
第四节　办公空间室内设计 ……………………………………………………………… 201

参考文献　212

第一章 室内设计概述

学习目标

掌握室内设计的基本概念、室内设计发展历史，熟知室内设计流程与方法，认识当今室内设计发展方向。

课程思政

知 识 单 元	教学方法	课程思政映射点
室内设计的基本概念	讲授、讨论	具备丰富的理论基础，关注国家发展战略及城乡居民生活空间需求
室内设计的历史发展趋势	案例教学法	认识中华传统风格的美，让学生接受爱国主义和传统文化教育
室内设计师要求	讲授、讨论	理解室内设计师的职业性质与社会责任，以人为本，树立可持续发展的价值观

第一节 室内设计的基本概念

室内设计是一门集技术与艺术于一体的复杂性综合学科，与人的实际存在有着紧密的联系，它不仅满足了人们生活的需求，同时也在改变着人们的生活方式与行为方式，并提升了人们的生活品质。

一、室内设计的定义

设计是指规划、计划、设想与预算，是在某些明确目标下的创造性活动，设计的方法包括向业主解释与交流。室内是指建筑物的内部空间。室内设计源于建筑设计，是对室内的规划、设想、预算及相关的创造性活动，它的发展是伴随着现代建筑的发展而逐步发展起来的。早期的室内设计就是与建筑物相适应的室内装饰。18世纪室内装饰师与建筑师逐渐分离；19世纪室内装饰师开始独立发展；20世纪60年代初室内设计理论开始形成，真正的室内设计开始出现。

那么，什么是室内设计呢？可以从不同的视角、不同的侧重点来分析，许多学者及文献记载着不少深刻见解，举例如下。

（1）《辞海》中对室内设计的解释为对建筑内部空间进行功能、技术、艺术的综合设计（图1-1），是根据建筑物的使用性质、生产或生活所处环境和相应标准，运用技术手段和造型艺术、人机工程学等知识，创造舒适、优美的室内环境，以满足人们的使用和审美要求。

图1-1 建筑内部空间

（2）我国前辈建筑师戴念慈先生认为建筑设计的出发点和着眼点是内涵的建筑空间，把空间效果作为建筑艺术追求的目标，而界面、门窗是构成空间必要的从属部分。从属部分是构成空间的物质基础，并对内涵空间使用的观感起决定性作用；外形则只是构成内涵空间的必然结果（图1-2）。

（3）建筑大师普拉特纳（W.Platner）则认为室内设计比设计包容这些内部空间的建筑物要困难得多，这是因为在室内设计过程中必须更多地同人打交道，研究人们的心理因素，以及如何能使人们感到舒适、兴奋。经验证明，这比与结构、建筑体系打交道要费心得多，也要求有更加专业的训练。

（4）美国前室内设计师协会主席亚当（G.Adam）指出室内设计涉及的工作比单纯的装饰广泛得多，他们关心的范围已扩展到生活的每一方面，例如住宅、办公、旅馆、餐厅的设计，无障碍设计，编制防火规范和节能指标，提高医院、图书馆、学校和其他公共设施的使用率，即给予处在室内环境中的人们一种舒适和安全的感受（图1-3）。

图1-2 戴念慈先生参与设计的北京饭店

图1-3 现代室内设计

（5）白俄罗斯建筑师巴诺玛列娃（EoPonomaleva）认为，室内设计是设计具有视觉限定的人工环境，以满足人们生理和精神上的要求，保障生活、生产活动的需求。室内设计也是功能、空间形体、工程技术和艺术的相互依存和紧密结合。

概括地讲，室内设计是在建筑构件限定的内部空间中，以满足人的物质需求和精神需求为目的，运用物质技术手段与艺术手段创造出功能合理、舒适、美观的内部环境。室内设计既包括视觉环境和工程技术方面的问题，也包括声、光、热等物理环境以及氛围、意境等心理环境的内容。室内设计的过程是根据建筑的使用性质、所处环境和相应标准，运用各种技术手段和建筑美学原理创造出功能合理、舒适优美并能够满足人们物质和精神生活需要的室内环境。室内设计的主要目的是创造舒适的室内环境，满足人们多元化的物质和精神需求，确保人们在室内的人身安全和身心健康，同时可以提高生产力，提高商品价值，改善人们的生活方式。

现代室内设计是艺术与技术相结合的综合运用（图1-4），它与人们室内生活、生产活动的质量有着紧密的联系，关系到人们的安全、健康、效率、舒适等。从宏观上讲，室内设计与当时的哲学思想、美学观点、社会经济、民俗民风等密切相关；从微观上讲，室内设计水平的高低、质量的优劣与设计者的专业素质和文化艺术素养紧密联系在一起。而细化到每个单项设计最终的实施成果，又与该项目工程与具体的施工技术、材料质量、设施配置情况，以及业主或建设者的协调关系密切有关，即设计是起到决定性作用的关键要点，而最终质量取决于施工、用材、业主之间的关系。

图1-4　艺术与技术相结合

同时，室内设计还需把握设计对象的以下依据因素：

一是指使用性质，即以什么样的功能设计建筑物和室内空间，也就是居住空间或公共空间。

二是指所在场所，即建筑物与室内空间的周围环境状况。

三是指经济投入，即相应工程项目的总投资和单方造价标准的控制。

四是指物质技术手段，即各类装饰材料和设施设备等。

五是指建筑美学原理，即需要考虑艺术美学原理（如对称、均衡、比例、节奏等），又需要综合考虑使用功能、结构施工、材料设备、工程造价等多种因素。

二、室内设计的内容

室内设计的内容主要包括对建筑实体环境和虚体环境的设计两大类别。室内环境的实体与虚体互为依存，二者相辅相成，此消彼长，人们无法感知无实体的空间，也不能感知无空间的实体。

实体环境是直接作用于感官的积极形态，其外观可见、可触摸，室内环境中的实体包括天花、地面、楼梯、墙面、梁柱等建筑构件以及容纳的家具、陈设等，涉及形态、色彩、尺度、虚实等方面的因素；虚体环境是各实体所围合划分而成的可供使用的内容空间或间隙，是由实体积极形态互相作用和暗示，并与室内气氛有关的审美要素等。

具体可以归纳为以下几个方面。

（一）室内空间设计

空间的设计是对建筑空间的细化设计，是对建筑物提供的内部空间进行组织、调整、完善和再创造，进一步调整空间的尺度和比例，解决好空间的序列，以及空间的衔接、过渡、对比、统一等关系。虽然空间是立体的附属物，但对于建筑物而言却意义重大。空间是建筑物的功效之所在，是建筑的最终目的和结果，今天的室内设计观念已从过去单纯的对墙面、地面、天花的二维装饰，转到三维、四维的室内环境设计。由于室内设计创作始终会受建筑的制约，这要求我们在设计时体会建筑的个性，理解原建筑的设计意图，进行总体的功能分析，对人流动向及结构等因素深入了解，然后决定是延续原有设计的逻辑关系，还是对建筑的基本条件进行改变。比如在框架式建筑中，柱子网络的尺寸、柱子直径与柱子高度的比值、梁板的厚度等均会对其内部空间形态产生显著影响。因而利用框架构造本身的特点，在柱与梁上处理室内空间关系是常用的设计手法（图1-5）。在室内设计之初，设计师需对建筑空间进行实地勘测，了解建筑结构，保证在不改变承重结构的基础上进行合理设计，协调好空间之间的转换关系，使室内设计更加方便、舒适，更具艺术感。

图 1-5 室内空间梁与柱的关系

（二）室内界面处理

室内界面处理指对围合、划分和限定空间的实体进行具体设计，即根据空间的功能和不同的限定要求来设计实体的形式、通透程度，并进一步设定实体表面的材质、质感与色彩，其内容包含围合成室内空间的底面（地面）、侧面（墙面、隔断）和顶面（天花板、顶棚）的处理。从室内设计的整体观念出发，室内空间与界面必须有机结合在一起。但是在具体的设计过程中，不同阶段有不同的侧重点，比如在室内空间组织、平面布局基本确定以后，对界面实体的设计就变得非常重要，它使空间设计变得更加丰富和完善。此外，室内空间功能要求和环境气氛的要求不同，构思立意不同，材料、设备、施工工艺等技术条件不同，界面设计的艺术处理手法也是多种多样（图1-6）。

图 1-6 不同功能空间的界面设计

（三）室内物理环境设计

室内物理环境设计是现代室内设计中极其重要的组成部分，它包括室内的采暖、通风、照明、湿度调节等多方面内容，涉及了水、电、风、光、声等多个技术领域，满足了人们在室内环境中的各种生理需求。随着科技的不断进步与发展，室内物理环境系统的技术含量越来越高。

水、电、风、光、声等技术领域是室内设计不可或缺的有机组成部分，由采光与照明系统、电气系统、给排水系统、供暖与通风系统、音响系统、消防系统组成。

（1）采光与照明系统（图1-7）：自然采光受开窗形式和位置的制约，人工照明受电气系统及灯具配光形式的制约。采光与照明，对光线的强弱明暗、光影的虚实形状和色彩、室内环境气氛的创造起着举足轻重的作用。

图 1-7　人工照明与自然采光

（2）电气系统（图1-8）：电气系统在现代建筑的人工环境系统中占据核心地位，各类设备如空调、供水、家用电器等都体现在电气系统中。建筑专业初步投资时，应首先提供建筑规模、建筑定性以及各种技术指标，以便电气专业人员确定电气方案。

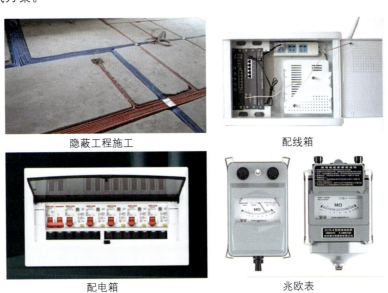

隐蔽工程施工　　　　配线箱

配电箱　　　　兆欧表

图 1-8　电气系统

（3）给排水系统（图1-9）：给排水设计是在装修前对家庭内部所有可能用到水的位置进行筛选、定位和统计的行为，并使上水管和下水管与房间相匹配。因此，与居住环境卫生有着直接关联的室内给排水管道设计的好坏直接影响着居住者的使用。

（4）供暖与通风系统（图1-10和图1-11）：设备与管路是所有人工环境系统中体量最大的，供暖与通风设计要满足系统的固有特性，其所处的建筑空间及通风口的位置将极大影响室内的视觉意象的艺术表达。因此，要全方位考虑，不断优化设计，才能够更好地满足客户的需求。

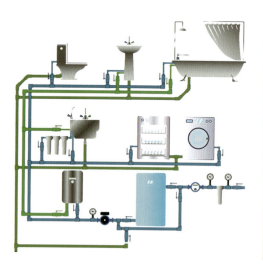

图1-9 给排水系统

图1-10 风管机现状

带热交换的新风系统

机械通风与自然通风

图1-11 通风系统

（5）音响系统（图1-12）：音响系统的设计和室内空间形态设计对于音响系统的应用非常重要。其音质设计的成败往往是评价建筑设计优劣的决定性因素之一，要把这两种不同的设计发挥到极致而相互不产生负面影响，则必须由装修设计师和音响设计师紧密配合方能实现，因为装修的格局和用料能直接影响音响效果。此外还需要注意，由于大厅的用途不同，音质的要求也不同，音质设计的重点问题也不同。例如，以自然声为主的大厅为保持足够的音量就必须要控制大厅的规模，并注意尽可能安排近次反射声以提高响度与清晰度；而以电声为主的大厅，厅的规模、形状可不受限制，设计的重点是把混响声限制在一定范围，同时注意适当安排电声场扬声器，以保证声场均匀。

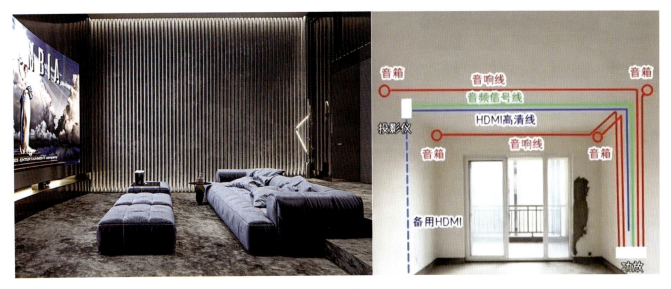

图 1-12　影音室设计

（6）消防系统（图 1-13）：为了保证室内的安全性，强调不管在何种类型的室内空间中，都需要考虑到烟雾感应系统和消防喷淋系统的设计和安装。

图 1-13　室内消防管道

（四）室内陈设艺术设计

室内陈设艺术设计主要是对室内除硬环境之外的软环境进行安排与布置。它主要包括室内的家具、设备、装饰织物、陈设艺术品，以及灯具、绿化等方面内容。室内陈设艺术设计的主要目的是装饰空间、美化环境，其特点就是要体现室内的艺术风格和精神追求，所以室内陈设的效果对人们在室内环境中的影响是最直观的。

家具、陈设、灯具、绿化等室内设计的内容，除固定家具、嵌入灯具及壁画等固定外，大部分均相对自由地布置于室内空间里，其使用和观赏的作用都极为突出。通常它们都处于视觉中显著的位置，直接影响着室内的观感。家具提供使用功能，直接与人体相接触，感受距离最为接近。家具、陈设、灯具、绿化等在营造出独特的空间氛围中发挥着重要作用。有专门的心理研究证明，人在室内空间中对于自然元素的接纳程度要远远大于其他所有的元素。绿化对整体环境的营造以及整体造型的美观有很大的影响。因为绿植景观在室内空间中的美学效果给人一种放松、贴近自然的心理感受（图 1-14）。

🔼 图 1-14　室内陈设艺术设计

三、室内设计的分类

室内设计研究的对象简单地说就是建筑内部空间的围合面及内含物,通常习惯把室内设计按以下标准进行划分。

（一）按设计深度

按设计深度可分为室内方案设计、室内初步设计、室内施工图设计。

（二）按设计内容

按设计内容可分为室内装修设计、室内物理设计（声学设计、光学设计）、室内设备设计（给排水设计,供暖、通风、空调设计,电气设计）、室内软装设计（窗帘设计、饰品选配）、室内风水等。

（三）按设计空间性质

按设计空间性质可分为居住建筑空间设计、公共建筑空间设计、工业建筑空间设计、农业建筑空间设计。

（四）按建筑物的使用功能

按建筑物的使用功能可分为以下几类。

1．居住建筑室内设计

居住建筑室内设计主要涉及住宅、公寓和宿舍的室内设计,具体包括前室、起居室、餐厅、书房、工作室、卧室、厨房和卫生间设计（图 1-15）。

2．公共建筑室内设计

（1）文教建筑室内设计：主要涉及幼儿园、学校、图书馆、科研楼的室内设计,具体包括门厅、过厅、中庭、教室、活动室、阅览室、实验室、机房等室内设计（图 1-16）。

图 1-15 某别墅设计

图 1-16 某艺术中心图书馆设计

（2）医疗建筑室内设计：主要涉及医院、社区诊所、疗养院的建筑室内设计，具体包括门诊室、检查室、手术室和病房的室内设计（图1-17）。

图 1-17 某医院病房室内设计

（3）办公建筑室内设计：主要涉及行政办公楼和商业办公楼内部的办公室、会议室以及报告厅的室内设计（图1-18和图1-19）。

图 1-18 某设计院新办公大楼会议室室内设计 1

图 1-19 某设计院新办公大楼办公室室内设计 2

（4）商业建筑室内设计：主要涉及商场、便利店、餐饮建筑的室内设计，具体包括营业厅、专卖店、酒吧、茶室、餐厅的室内设计（图 1-20）。

图 1-20 某体育中心餐厅室内设计

（5）展览建筑室内设计：主要涉及各种美术馆、展览馆和博物馆的室内设计，具体包括展厅和展廊的室内设计（图 1-21）。

图 1-21 美术馆展厅设计

（6）娱乐建筑室内设计：主要涉及各种舞厅、歌厅、KTV、游艺厅的建筑室内设计（图1-22）。

图 1-22　电影院空间设计

（7）体育建筑室内设计：主要涉及各种类型的体育馆、游泳馆的室内设计，具体包括用于不同体育项目的比赛、训练及配套的辅助用房设计（图1-23）。

图 1-23　游泳池室内空间设计

（8）交通建筑室内设计：主要涉及公路、铁路、水路、民航的车站、候机楼、码头建筑，具体包括候机厅、候车室、候船厅、售票厅等的室内设计（图1-24）。

图 1-24　天河机场候车厅室内空间设计

（9）工业建筑室内设计：主要涉及各类厂房的车间、生活间及辅助用房的室内设计（图1-25）。

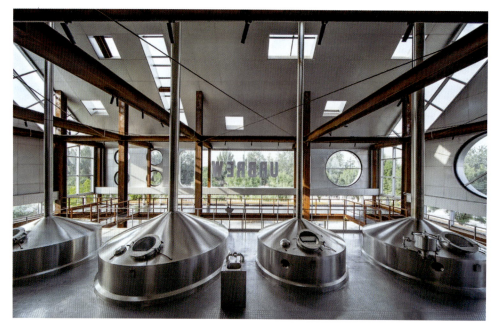

⬆ 图 1-25　优布劳啤酒工业园室内空间设计

（10）农业建筑室内设计：主要涉及各类农业生产用房，如种植暖房、饲养房的室内设计（图1-26）。

⬆ 图 1-26　谷仓改建室内空间设计

四、室内设计的现状及发展趋势

随着建筑行业的不断发展，室内设计已经形成较为完善的体系，室内设计行业的发展整体呈现出市场化及专业细分逐步成型的趋势，这一特点在设计公司的发展态势上的体现便是越来越多的设计公司走上规模化、产业化的现代企业发展道路，拥有专业的室内设计师，不断与市场相联系，不断创新，形成各自独特的设计风格。

（一）智能化室内设计理念

智能化发展新趋势将在未来居住空间设计发展中成为重要力量。中国智能化家居系统也已经逐步走向成熟，并渐渐走进人们的生活，提升了人们的生活品质，也给人们带来高效且舒适、安全的生活环境。人们想要可持续发展的智能住宅，就需要技术先进和技术娴熟的室内设计师来构建。室内设计师的专业知识使其能够充分利用智能技术，同时保持内在的审美品质和设计能力。同时，未来的室内设计也是科技设计的时代，便捷型、智能型的设计是人性化设计的最直接体现，也必将是未来室内设计的发展方向，其智能化特征主要包含以下三个方面。

1. 注重室内设计与虚拟现实技术的融合

虚拟现实技术有了更强大的技术支持，能够更加便捷地为使用者提供十分逼真的体验效果，实现人与虚拟空间的交互过程。室内设计师使用互联网可以方便地为客户生成相应的设计效果。设计师可以使用一系列技术开发智能化的设计效果，包括使用 AR 和 VR 技术，向客户展示设计的虚拟舞台等效果；还可以使用像 FoyrNeo 这样的 3D 建模和 3D 打印工具。这些工具使设计师能够轻松地与客户合作，同时减少物理访问和室内空间设计的总成本。同时，通过对客户使用虚拟现实技术过程中相关反应的数据监测分析，能够更准确地判断客户对设计成果的感受，通过对数据进行分析后，可作为设计成果修改的参考依据（图 1-27）。

图 1-27　智能化时代

2. 注重智能化高情感设计

随着国际上科技的进步，室内设计正在向高技术、高情感化方向发展，既重视科技，又强调人情味。因此，居室的装修设计也需要将人的全面发展放在首位。在智能设计的思维模式下，智能可以在一定程度上适应人的劳动本能，让人的身心发展更加健全。设计的创新智能化要充分考虑人在情感方面的需求、人在交流和互动方面的需求，以及人被认可与被认知的需求（图 1-28）。

◆ 图 1-28　智能化高情感居住空间

3．注重提供集成化的智能服务

在家居集成化、网络化的趋势下，家居集成也成为一种潮流，许多更专业、美观、智能化的家居集成产品出现并冲击原来这一行业的产品市场，这些产品包括家庭中央空调、整体厨房、整体卫浴以及住宅模块化建造系统产品。智能综合布线仅仅是智能家居最基础的，家居智能化是行业的整合运用，让业主真正享受到高科技整合后带来的快乐与方便，才算得上是家居智能化。例如，室内设计师采用尖端技术，如智能冰箱、语音控制设备，烤箱和洗碗机，以及其他智能电器（图 1-29）。或使用 Google Home 或 Alexa 等语音设备来管理家庭娱乐，将这些系统连接到家庭娱乐单元，其中包括电视、音箱和音响系统（图 1-30）。室内设计师使用智能照明实现家中照明的自动化，可以为特殊场合、节日甚至日常使用定制；智能照明消除了传统开关的需要，并允许远程控制（图 1-31）；智能照明无须更换灯泡，从而降低了家庭能源使用的总成本。智能家居安全系统能够控制开门和关门，并与访客和送货人员互动。还包括报警系统和运动探测器，可以检测到入侵者，让客户对自己的财产放心。智能传感器通常由室内设计师安装在人们的家中，其中包括烟雾和热传感器，可以帮助人们在事故或紧急情况下挽救生命。如果烟雾和热传感器响起，可以向手机发送通知，甚至联系紧急服务（图 1-32）。通常，智能运动传感器会检测到人的存在，并在有人出现时启动，这些也有助于识别任何可能进入房屋的入侵者。

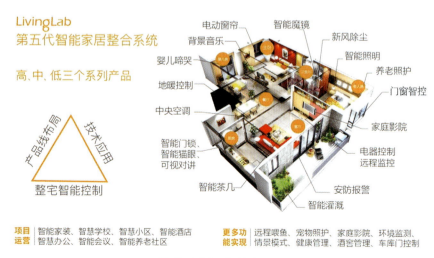

◆ 图 1-29　智能家居

图 1-30 统一管理家庭系统

图 1-31 智能照明系统

图 1-32 智能传感器

因此,一个现代化的智能家居应集成计算机处理功能、对外通信功能、自动化监控、远程控制等多种功能系统并进行统一管理,实现互联,能够自动处理各种事件,创造符合人们要求的便捷化、个性化的生活模式,让人们从家庭琐事中解脱出来,享受真正高品质的生活。

（二）可持续发展的绿色设计

可持续发展是近些年来人们越来越关注的问题，其产生背景是工业时代带来的环境污染以及一些不良的生产、生活方式给人类的生命与健康带来的威胁。2022年住房和城乡建设部（以下简称住建部）、国家发展和改革委员会（以下简称发改委）印发《城乡建设领域碳达峰实施方案》，提出2025年城镇新建建筑全面执行绿色建筑标准，2030年前城乡建设领域实现"碳达峰"，并明确了实现"碳达峰"的路径，建设绿色低碳城市，开展绿色低碳社区建设，全面提高绿色低碳建筑水平，持续开展绿色建筑创建活动。因此，如何保护好环境、维持生态平衡，创造有益于人类生存的室内外环境是现今设计师责无旁贷的责任。

在室内设计过程中，梳理建筑结构和遵循周边环境，优化空间布局，以实现最大化自然采光和通风（图1-33）。通过改善建筑结构使室内外通透，创造出开敞的流动空间，从空间结构本身就做到真正的节能生态绿色化。

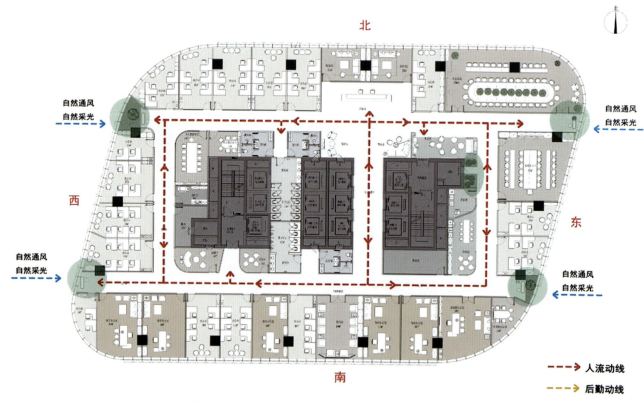

图1-33 基于自然采光与通风来优化空间布局

可持续发展的绿色设计应遵循自然、生态、环保的设计原则，通过简洁现代的设计手法，将自然和功能融于一体，创造出自然通风、自然采光、自然景观、视野开阔的花园式环境，体现绿色、环保、可持续的创意理念，实现将人、空间、自然与艺术紧密结合（图1-34）。

2020年澳洲大火、诱发大面积粮食危机的非洲蝗灾等接连不断的灾害，迫使人们再次思考自身在生态系统中应担负的责任与义务，再次反思工业文明将自然仅仅看作可消耗的外部资源等偏颇的观念。

事实上，自生态学家提出生态文明的概念以来，人们已经开始意识到从工业文明到生态文明的形态更替所代表的重大经济社会转型，是人们应对不可避免性挑战的必由之路，这种转变随之带来的是在经济社会发展方式、生活方式与文化学术上必要的重大调整。可持续室内设计正是在上述观念影响下产生的，并且越来越多的机构与甲方开始运用各种评估工具对室内环境的可持续性设计进行指导与客观评价。

图 1-34 可持续化绿色设计

1. 主流生态室内评价标准

（1）《绿色建筑评价标准》（GB/T 50378—2019）的评价对象为各类民用建筑，涵盖公共建筑和住宅建筑，涉及评价控制项、评分项、提高项三部分。评价指标包括安全耐久、健康舒适、生活便利、资源节约和环境宜居（表 1-1）。

表 1-1 《绿色建筑评价标准》评分表

类 别	控制项基础分值	评价指标评分项满分值					提高与创新加分项满分值
		安全、耐久	健康、舒适	生活便利	节约资源	环境宜居	
预评价分值	400	100	100	70	200	100	100
评价分值	400	100	100	100	200	100	100

（2）美国 LEED 标准的评价方法采用指标评分累计，根据评价分值将建筑分为四个等级，分别为铂金级、黄金级、白银级及认证级。评价指标包括选址与交通、可持续场地、水资源利用效率、能源与大气、材料与资源、室内环境质量。整合设计为先决条件，设计创新为加分项（图 1-35）。

（3）英国 BREEAM 标准的评价方法采用全生命周期法，计算出分值后，将绿色建筑分为五个等级，分别为卓越、杰出、优秀、良好及通过。评价对象包括新建建筑、社区建筑、运行建筑、旧建筑改造等（图 1-36）。

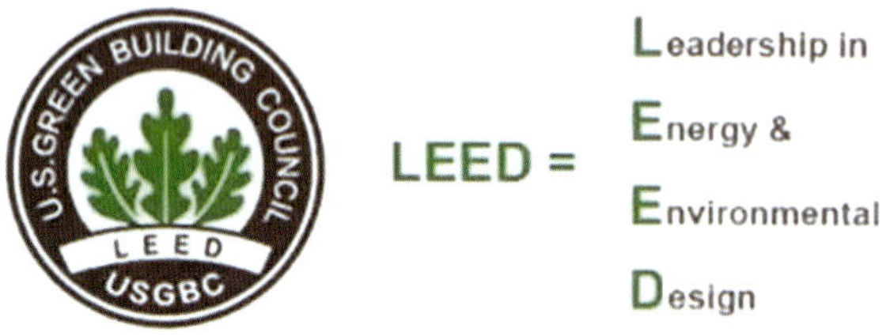

图 1-35　美国 LEED 标准评价类别

BREEAM 评级	得分/%	BREEAM 等级
卓越（outstanding）	≥85	★★★★★
杰出（excellent）	≥70	★★★★
优秀（very good）	≥55	★★★
良好（good）	≥45	★★
通过（pass）	≥30	★
未分类（unclassified）	<30	

图 1-36　英国 BREEAM 标准评价类别

（4）日本 CASBEE 标准的评价方法将建筑分为环境质量和环境负荷两部分，环境质量由室内环境、服务质量和区域内户外环境三个评价指标的分值和其权重加权求和后得出；环境负荷由能源、资源材料和场地外环境三个评价指标的分值和其权重加权求和后得出。然后根据公式 $BEE=Q/W$ 计算，并对照评估等级划分表确定绿色建筑等级（图 1-37）。

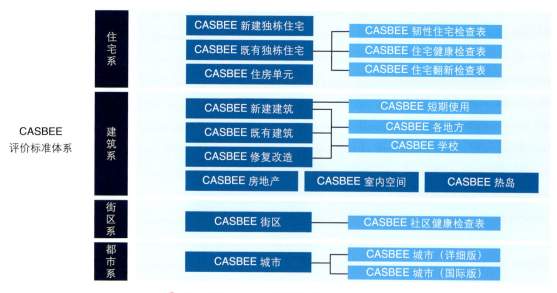

图 1-37　日本 CASBEE 评价标准体系

（5）WELL 健康建筑标准由 DELOS 公司创立，由国际 WELL 健康建筑研究院 IWBI 运营管理。WELL 标准是通过建筑环境改善人体健康和福祉的建筑评价体系。与美国 LEED、英国 BREEAM 不同的是，WELL 标准全部条款要素均以促进人体生理和心理健康为出发点。

通过前后不同阶段评价指标体系对比，指标的前后变化体现出了评估体系设计者的观念转变（图 1-38）。首先，是对可持续室内环境的深层理解，室内生态性不仅仅是对周围环境的友好，还必须对使用者友好。室内环境生态性离不开使用者可持续的运营，因此除了创造安全生态的室内环境，还需要引导使用者的“主动健康”行为和空间运营的可持续性，因此后期优化过的评估体系中添加了相当多的美学及管理指标。

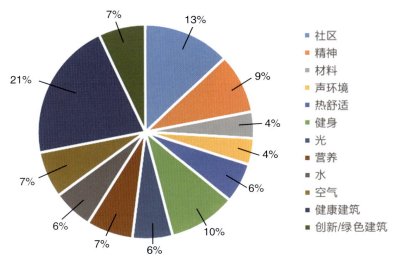

图 1-38　WELL 标准评价内容及权重

2．新型室内行业可持续发展价值体系

绿色环保不是泛泛的口号，而是国家战略和行业准则。绿色建筑设计不是简单地利用新技术、新设备、新材料进行拼凑，对生产节能材料所耗费的能源及对环境的负面影响不管不顾；更不是满足于对标和达标，机械地照搬条文和规定，对现实问题缺少积极的应对态度。绿色建筑设计应遵循建筑设计的深层逻辑，通过挖掘本体绿色基因进行表达，这也是《绿色建筑设计导则》的设计价值所在。

在室内设计价值体系中，应强调生态环境的融入（本土化），绿色行为方式与人性使用（人性化），绿色低碳循环与全生命期（长寿化），智慧体系搭建与科技应用（智慧化），降低碳排放所带来的社会成本（低碳化），从而提升室内设计的绿色理念，形成可持续发展价值体系。例如，为有效实现节能减排，中山华发商项目升级改造机电系统，采用智能化灯光控制模式以降低能耗，更多使用可循环利用的环保材料，营造一个生态、舒适、轻松的购物环境（图1-39）。

图 1-39　中山华发商室内空间（杰恩设计）

（三）情感化室内设计

"情感"是人对外界事物作用于自身时的一种生理反应，是由需要和期望决定的，当这种需求和期望得到满足时，人便会产生愉快、喜爱的情感。情感化设计既是一种表达情感的方式，也是一种创意工具，是通过一种意向的情景制造来表现空间，即"以景抒情"，从而突出每个空间的个性，满足人对空间的某种需要和期望。情感化设计注重人的体验，强调人在空间应有的感知以及人与空间的互动和交流，它可以使原本无形的空间变得

有形,并通过它们作用于人所生活的空间,使空间更具有趣味性,人们才能在快节奏的生活中感受到情感的慰藉。

情感化设计是基于设计师对人体大脑组织功能的精准定位。根据相关研究发现,人类大脑的情感活动方式主要体现在三方面:一是本能层次,由先天形成;二是行为层次,承担着控制人体运作的功能;三是反思层次,由大脑对人具体行为进行反思。通过这三个层次之间的相互影响、相互作用,在进行室内空间设计中逐步形成情感化的设计模式,再加上区域文化、认知水平、教育理念等因素影响,以便在构建体验式室内空间格局时起到重要的促进作用(图1-40)。

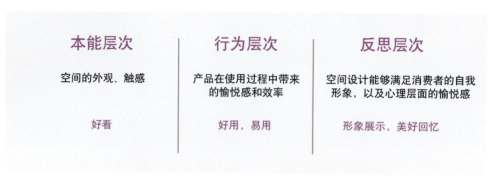

图 1-40　本能层次、行为层次和反思层次

随着社会经济的高速发展,在物质生活极其丰富的条件下,人们开始追求更高层次的消费与享受,商业空间的实用性功能逐渐向服务功能转变,沉浸式场景体验将是未来商业发展的必然趋势。沉浸式互动投影结合传统投影、环幕投影、地面投影、墙面触控、地面触控等多种技术于一体,通过投影机将影像投射在墙面与地面上,系统感应人体的动作和位置,与其中数字内容达成沉浸式互动。比如西安 SKP-S 室内商业空间(图1-41)打造大量沉浸式场景的同时,引入众多国际一线品牌、潮流时尚品牌、书店、餐饮等,并在此建立中国首店或打造全新概念店,将零售与"重义未来"的主题场景完美融合。通过情感体验的形式对外传递艺术、文化与情感,并用科技、艺术和时尚的相互融合颠覆了传统零售场景。项目打造出的 IP 属性拥有更深刻的记忆点,用未来连接历史,以丰富场景为西部片区带来全新潮流体验。再比如香港 K11 室内展陈空间(图1-42)包含艺术、文化、娱乐、零售、餐饮等核心元素,将艺术和商业有机结合,让购物体验得以重构,重新定义了商业游戏规则。通过沉浸式线上展览的形式,将馆藏数码化并开通虚拟导览,展示了一系列艺术作品。这种体验方式让足不出户的顾客保持对项目的关注,也为后期线下艺术展进行了预热。

图 1-41　西安 SKP-S 室内商业空间

🔶 图 1-42 香港 K11 室内展陈空间

（四）科技与文化艺术的结合

随着科技进步和人们生活水平的提高，人们对室内设计的要求越来越高，因此室内设计也产生了一个突出的特点，即注重设计的科学性与艺术性的结合。科学性是指通过新材料、新技术等使整个空间更加舒适、合理、安全，艺术性是指通过空间的布置、家具、材料、结构工艺等创造出较强的艺术美感。科学性和艺术性的结合使得室内设计的物质功能更容易实现，能够在设计的艺术和技术之间寻找一种最佳的平衡，共同形成了室内设计的一个美学特征。为了更好地提高人们的生活质量，当代的室内设计不仅要有科学的设计方法，同时还应该充分考虑和利用相关的知识，分析和确定室内物理和心理环境的优劣。如在设计时考虑到多种学科的交叉，包括风水学、生理学、心理学、美学、环境学等学科。例如，室内设计中运用心理学，使不同的人都能够享受到具有视觉愉悦感和文化内涵的室内环境（图1-43），这就需在符合设计功能性的同时，注重人们的心理感受，以达到科学性与艺术性的统一。除此之外，还更加重视空间的合理利用，在装修中也选用了更为健康、环保、卫生的材料，从而满足生活主体的可持续发展要求和审美需要。人们价值观、审美观的不断提升，促使室内设计出现更多的风格和新技术应用，包括新材料、新构造、新工艺、新设备等，如现在越来越流行的家居智能化设计，就是利用各种智能设备，结合良好的声、光、热环境进行设计，从而创造更加宜人、舒适、智能的生活环境。

🔶 图 1-43 充分运用色彩心理学的青少年诊所

(五)多元化的设计风格

后现代主义设计风格、高科技风格、解构主义风格(图 1-44)、极简主义风格(图 1-45)、新现代主义风格等极大地丰富了 20 世纪的设计语汇,活跃和繁荣了 20 世纪的设计局面,造成了这一时期设计多姿多彩的多元化格局。其实质是对人类需求的多元化,也是对第二次世界大战后几乎"铁板一块"的现代主义设计单一化面貌的突破。设计师们勇于探索,不断创新,创造和设计了人类崭新的居住方式。在当今追求个性和自由的时代,鼓励不同的设计风格同时存在,并且在注重功能性的前提下,对不同的风格进行多样化的改造,以适应当代的发展特点,实现个性和共性、设想和实施的最佳结合。

图 1-44　解构主义风格

图 1-45　极简主义风格

(六)行业分工与协作

我国室内设计行业发展至今,正在受到房地产下行的影响,室内设计行业细分越来越明显。抛开市场大环境因素,业内按照消费水平将人群归类,例如高消费能力者称之为高端,低消费能力者则划分为低端。两种人群的分化取决的不仅仅是消费能力的划分,重要的是对室内设计的认知。室内设计自身需完善规范化设计,将设计与结构师、构造师、施工单位、设备单位进行相互配合,让室内设计行业更加规范化、程序化(图 1-46)。

🔸 图 1-46 团队的分工与协作

第二节 室内设计的历史发展及流派

一、中国室内设计的历史发展

1. 中国传统室内设计（原始社会至明清）

中华民族几千年的发展过程，给世界留下了无数宝贵的财富，中国建筑也以其独特的风格傲立于世界建筑之林，从一定程度上影响了世界建筑史的发展。室内设计作为建筑设计的一个重要组成部分，一直伴随着建筑的发展而发展，从古至今，绵延不息，书写中国建筑文化，传承中国人文精神。

现代室内设计作为一门新兴的学科，尽管只是近数十年的事，但人们有意识地对自己生活、生产活动的室内进行安排布置，甚至美化装饰，赋予室内令人舒适的空间气氛，早在人类文明伊始就存在了。原始时期，由于人类生存条件恶劣，生产力低下，能保障基本的生存已属不易，所以那个时期没有明显的对美的追求。

原始社会西安半坡村的方形、圆形居住空间已考虑按使用需要将室内作出分隔，方形居住空间靠近门的火炕安排有进风的浅槽，圆形居住空间入口处两侧也设置了起引导气流作用的短墙，使入口和火炕的位置布置更加合理（图 1-47 和图 1-48）。

在居室里已经有人工做成的平整光洁的石灰质地面，新石器时代的居室遗址里还留有修饰精细、坚硬美观的红色烧土地面，即使是原始人穴居的洞窟里，壁面上也绘有兽形和围猎的图形。

🔸 图 1-47 圆形半坡结构

🔸 图 1-48 方形半坡结构

商朝到西周前处于青铜器时代的中间发展阶段。西周是奴隶制完备与衰落时期,也是华夏进一步融合和国家趋向大一统的时期。商朝的宫室从出土遗址显示,建筑空间秩序井然,严谨规整,宫室里装饰着朱彩木料,并雕饰白石,柱下置有云雷纹的铜盘。砖瓦及木结构装修上有新发展,出现了专门用于铺地的花纹砖。室内装饰与陈设也已经达到了一定水准,已出土的表面铸有云雷纹饰的铜件就是最好的证明(图1-49)。

图1-49 古代装饰与陈设

春秋时期"百家争鸣",社会思想活跃。受这种思想的影响,此时的建筑与装饰已逐渐摆脱商周时期的风格。从祭祖、祭鬼神转向实用,从凝固、神秘、狞历转向活跃,从抽象转为具象,更直接地反映了人们的现实生活。因此春秋时期是我国建筑与装饰发展史上一次重要的转折。春秋时期最讲礼制,所以建筑与装饰等级森严,无论是彩画还是色彩都有明确规定。此时的家具也出现了"几""屏风",席下的"筵"。孔子的"礼、乐"及老子的"道法自然"等哲学思想对室内设计风格产生了很大影响。室内设计更加强调人与自然的和谐相处和巧妙利用,室内设计日益生活化。

秦汉时期由于生产力的提高及歌功颂德思想的驱使,建筑与装饰体现出一种宏大的气势,其中以秦阿房宫最为出名。此时的建筑、家具、画像石、画像砖、金银器和漆器等都有了很大的发展,其中壁画在此时期已成为室内装修的一部分。丝织品以帷幔、帘幕的形式参与空间的分隔与遮蔽,增加了室内环境的装饰性。家具有床榻、几案、茵席、箱柜、屏风等几大类,种类丰富。秦时的阿房宫和西汉的未央宫,虽然宫室建筑已荡然无存,但从文献的记载,从出土的瓦当、器皿等实物的制作,以及从墓室石刻精美的窗棂、栏杆的装饰纹样来看,毋庸置疑,当时的室内装饰已经相当精细和华丽。"秦砖汉瓦"成为古代建筑构件上的艺术典范,体现了雕塑艺术的成就。

受佛教和外域文化的影响,魏晋南北朝时期印度僧人和西域工匠纷纷来到中国,他们带来了以希腊、波斯风格为一体的新艺术,对中国的家具和其他艺术门类产生了较大的影响。此时的床和榻均已加高,人们可以垂足坐于床沿,并且出现了长几、曲几和多折屏风等新型家具。另外,受民族融合的影响,西北地区的胡床已经逐渐普及至民间,此外还有了椅子、方凳、束腰凳等部分高坐具,为唐代以后逐步废弃席地而坐的习俗作了必要准备(图1-50)。

图1-50 古代家具

隋朝时期已经基本摆脱了两晋南北朝的风格，沿袭的艺术风格对唐代的文化起到了承前启后的作用。唐朝是我国封建史上的第二个高峰，室内家具设计极为多样化。建筑结构和装饰结合完美，风格沉稳大方，装修精美，体现出一种厚重的艺术风格。

唐朝的建筑和室内装饰规模宏大、气魄非凡、色彩丰富，这也恰好符合大唐盛世、国泰民安的社会状况（图1-51）。唐朝的彩画中也开始使用"晕"的技法。家具风格简明、大方、流畅。这一时期，室内空间的设计仍然是与建筑设计紧密地结合在一起的，保存至今的山西五台山佛光寺大殿就是一个很好的例子。

图1-51 唐朝时期室内设计

隋唐到五代，已普遍采用垂足而坐的家具形式，室内设计开始进入以家具设计为中心的陈设装饰阶段。唐朝室内设计中的空间结构和装饰的结合非常突出，风格沉稳、大方。

宋代的住宅空间规划基本上呈四合院布置，大方格的平棋（天花板）与强调主体空间的藻井应用在当时发展较好，室内采用格子门分隔内部空间，装饰色彩丰富，建筑细部构件如门、窗、栏杆、梁架变化多样。

明清时期门窗样式基本是承袭宋代做法。到了明代，室内的装修装饰、彩画日趋定型化，家具设计外形秀美、简洁，雕饰线脚少，造型和构造和谐统一，很好地体现了人机工程学，重视发挥木材本身纹理、色泽的特征。收藏和鉴赏古董已成为明代文人的普遍风气（图1-52）。文人通过玩古来进德精艺，热衷于古董收藏，不但提升了古董的艺术价值，也带动了室内设计营造古雅的气息，同时还可满足文人把玩和消闲的生活需要，成为一种风尚。但明后期和清朝奉行闭关锁国政策，严重阻碍了文化、科技的发展，室内设计也发展缓慢，这一时期追求雍容华丽的美感，整体风格繁缛奢靡。

图1-52 王原祁赏菊图

总之，中国古代室内装饰设计风格有如下特点：内外一体的整体风貌；情景交融的室内格局；虚实相间的空间构成；形式丰富的分隔手法。传统建筑的室内布局也大都采用轴线对称形式，尺度、色彩、装饰都依次分出高低、大小、繁简、明暗，以表现主次和秩序。这种室内布局无疑是儒家"中正无邪，礼之质也"思想的物化，既是外在艺术形式的综合表达，也是内在人生哲理的具体显现。

2．中国近代室内设计（1840—1949年）

1840年鸦片战争开始，我国进入半殖民地半封建社会时期，由于西方文化和新技术的传入，形成了新旧室内设计形式并存的局面。西方装饰样式与中式风格结合的居住空间设计使室内设计表现出半殖民化的特征。

我国各类民居，如北京四合院（图1-53）、四川山地住宅、上海里弄建筑（图1-54）、云南"一颗印"（图1-55）、傣族干栏式住宅（图1-56）等，体现着具有地域文化特征的建筑形态和室内空间组织，对我们来说具有启迪和借鉴意义。20世纪30年代，室内装饰业成为正式的独立专业类别。1931年，美国室内装饰者学会成立，成为美国室内设计师学会的前身。至此我们可以清楚地看到，在17—18世纪，将"室内设计"称为"室内装饰"还是比较贴切的。

🔼 图1-53 北京四合院

🔼 图1-54 上海弄堂

图 1-55 云南的"一颗印"

图 1-56 傣族干栏式住宅

3．中国现代室内设计（1949 以后）

我国现代室内设计虽然早在 20 世纪 50 年代首都北京人民大会堂等十大建筑工程建设时就已经起步，但是室内设计和装饰行业的大范围兴起和发展还是近几十年的事。由于改革开放，从旅游建筑、商业建筑开始，再到办公金融和涉及千家万户的居住建筑，在室内设计和装饰方面都有了蓬勃发展。1990 年前后，相继成立了中国建筑装饰协会和中国室内建筑师学会，众多的艺术院校和理工科院校相继开设室内设计专业。

20 世纪 70 年代改革开放之初，装修的概念尚未兴起，那个时代城市的房子以平房居多，农村甚至还有土坯砖盖起来的房子（图 1-57）。城市里的室内装饰以水泥地、大白墙为主，偶尔有思想前卫的人会做一个绿色的墙裙，

图 1-57 20 世纪 70 年代的农村住房

给单调的室内增添一抹鲜亮的色彩。由于当时商品经济还不发达,家具并不好买,所以大多数家庭的木质家具都是请人定做的,并且都是一些生活上必不可少的家具。从家具着色而言,则刷以桐油或采用烫蜡工艺,材质上都是货真价实的纯实木。

20世纪80年代中期,装修的概念随着人们消费能力的提高开始萌芽,同时期内,市民陆续从窄小的平房搬进了筒子楼(图1-58)。条件一般的家庭,内墙装饰仍以白灰为原料刮成大白色,地面仍为水泥地。同时期,油漆陆续进入了人们的视野,开始用于家具涂装。

图1-58　20世纪80年代的筒子楼

20世纪90年代,随着商品房(图1-59)概念的兴起,楼房逐步得以普及,家装行业雏形渐显,家庭装修从较富裕的家庭走进了寻常百姓家,瓷砖也率先进入了人们的视野,并以图案多样、方便打理、物美价廉等特点迅速普及。值得一提的是,内墙装修的石灰被油漆代替,家具也是如此,油漆以其功能的多样化走进了千家万户。

图1-59　20世纪90年代的商品房

2000年以后,家庭装修行业迈入成熟阶段,木地板、沙发、窗帘渐渐进入普通家庭。全民装修时代来临,基本上每家每户都会进行简单的室内装修(图1-60)。

近十年国家经济飞速发展,家装选择越来越多,家装风格也越来越多样化。随着社交网络的完善,居民个人审美诉求不断提升,"定制时代"到来,家装设计行业进入飞速发展的黄金时期。

图 1-60　2000 年后的室内装修

二、外国室内设计的历史发展

两河流域的美索不达米亚文明和古埃及文明留下了史前文明的灿烂痕迹，古希腊柱式和古罗马万神庙为我们创造了古典文明的光辉典范。

公元前古埃及贵族宅邸的遗址中，抹灰墙上绘有彩色竖直条纹，地上铺有草编织物，配有各类家具和生活用品。古埃及的阿蒙神庙，庙前雕塑及庙内石柱的装饰纹样均极为精美，神庙大柱厅内硕大的石柱群和极为压抑的厅内空间正是符合古埃及神庙所需的森严神秘的宗教氛围，是神庙的精神功能所需要的（图 1-61）。古希腊和古罗马在建筑艺术和室内装饰方面已发展到很高的水平。

图 1-61　古希腊神庙

古希腊雅典卫城帕特农神庙的柱廊起到室内外空间过渡的作用，精心推敲的尺度、比例和石材性能的合理运用，形成了梁、柱、枋的构成体系和具有个性的各类柱式。古罗马庞贝城的遗址中，从贵族宅邸室内墙面的壁饰、大理石地面以及家具、灯饰等加工制作的精细程度来看，当时的室内装饰已相当成熟。古罗马万神庙室内高旷的、具有公众聚会特征的拱形空间，是当今公共建筑内中庭设置最早的原型（图 1-62）。

中世纪艺术以拜占庭艺术"罗马式"和"哥特式"为主要风格，主要表现在建筑方面，艺术风格具有浓厚的宗教色彩，是欧洲美术发展过程中的重要阶段。欧洲中世纪和文艺复兴时期，各种建筑物和它们的内部装饰，如哥特式、新古典式、巴洛克、洛可可等风格都已日趋完善，并且在艺术上已趋于成熟。

🕆 图 1-62　古罗马建筑

　　哥特式建筑由罗马式建筑发展而来,为文艺复兴建筑所继承,主要用于教堂,整体风格为高耸、细长且带尖(图 1-63)。文艺复兴时期的建筑讲究秩序和比例,并试图通过古典的比例重构理想中古典社会的协调秩序。巴洛克的建筑的特点是外形自由,追求动态,喜好富丽的装饰和雕刻并且伴有强烈的色彩,常有穿插的曲面和椭圆形空间,喜欢通过波浪曲面、断折的檐部与山花、疏密有致的柱子排列来强调空间的起伏(图 1-64)。洛可可的建筑特点主要体现在室内装饰方面,其采用明快的色彩和纤巧的装饰,家具也非常精致而偏于烦琐,不像巴洛克风格那样色彩强烈,装饰浓艳(图 1-65)。

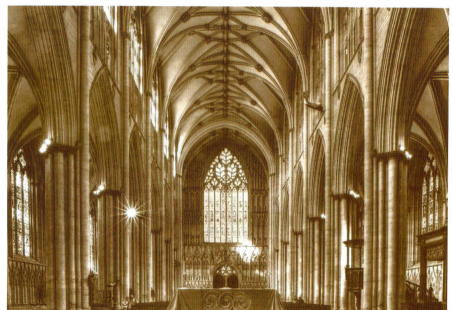 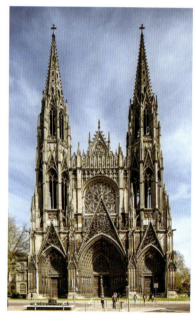

🕆 图 1-63　哥特式建筑

　　工业革命将新的施工方式和建筑材料带入了建筑业。人类开始进入电气时代,并在信息革命、资讯革命中达到顶峰。新材料(钢筋、混凝土和玻璃)、新设备(升降机、电梯)和新技术(框架结构)的广泛应用,使得近代建筑突破了传统建筑高度与跨度,同时影响了建筑形式的变化。

🔼 图 1-64　巴洛克式建筑

🔼 图 1-65　洛可可式建筑

包豪斯（Bauhaus）学派于1919年创建于德国（图1-66），他们反对墨守成规，主张注重功能性，提倡使用新的制造方法和新的材料，他们提供了新的建筑与室内设计理念以便适应工业化社会的发展（图1-67）。在建校之初，包豪斯的创始人格罗皮乌斯（Gropius）就针对设计理论提出了以下基本原则：艺术与技术的新统一；设计是艺术与技术相结合，而不是纯粹的艺术。包豪斯是世界上第一所完全为发展现代设计教育而建立的学院，它的成立标志着现代设计教育的诞生，对世界现代设计的发展产生了深远的影响。如今包豪斯风格几乎已经成为了现代主义风格的代名词。从这种风格开始，西方室内设计进入现代时期，设计师更加注重对功能和形式的设计。

现代主义设计强调功能与理性，将艺术设计与大工业生产相结合，大幅降低了产品的成本，使得设计得以走入寻常百姓家。现代主义设计不仅重视生产产品的成本，而且重视产品设计的科学性。最著名的因现代主义引起的风潮莫过于流线型运动。流线形运动在美国诞生，早期的主要倡导人为工业设计师雷蒙德·罗维。流线形设计的最大特点便是其科学性，流线的形状在兼顾美观的同时，还有效地提升了车辆的空气阻力，能够让车辆以更快的速度行驶。流线形设计至今仍应用于交通产品并且经久不衰。

图 1-66 包豪斯学校的建筑

图 1-67 包豪斯校舍的室内效果

国际主义设计前身是以德国包豪斯为首的现代主义。第二次世界大战后随着商业活动的全球化发展，国际主义风格覆盖了建筑、产品设计、平面设计等领域。国际主义在当代是非常重要的风格，它属于商业设计中的"万金油"，放之四海而皆准，世界各国人民似乎都可以接受它，尽管其未必最好，但挺合适。现代主义主张设计的民主化，就是希望通过设计为大众提供良好的居所及产品，而功能、理性、简约、秩序等特点都是基于这个需求形成的。而国际主义则是全面采用这些形式来服务市场商业活动，如何让设计在商业活动中产生最大化价值才是国际主义核心考虑的问题。20世纪50年代到70年代的国际主义风格，以密斯·凡·德·罗的国际主义风格作为主要的建筑形式，其特征是采用"少就是多"的原则，突出建筑结构，强调简单、明确的特征，强调工业化的特点。国际主义风格运动的主流以简约、没有装饰动机、钢铁框架结构、幕墙建筑为主。象征着国际主义死亡的是山崎实（YAMASAKI）设计的低收入住宅，这些建筑极端地体现着简单冰冷，毫无人情味，连流浪汉也厌恶在内居住，20年的入住率不到30%，政府被迫将其炸毁（图1-68）。"9·11"被撞毁的美国世贸大厦也是山崎实的作品。

图 1-68 山崎实（YAMASAKI）设计的低收入住宅

至 20 世纪 70 年代,这个被称为国际主义的现代主义设计风格已近乎终结,在富裕社会出生的新一代设计师对他们的前辈提出了质疑,毫无人性的冷漠设计不是他们需要的,因此要改变,要反对,取而代之的是一系列新风格、新模式,呈现出一种丰富多彩的设计局面,这无可争议地说明了推崇个性化、多元化的设计时代已经来临了。

后现代主义设计包含了三方面的特征:一是高度强调装饰性。而后现代主义的设计师们无一例外地采用各种各样的装饰,特别是从历史中汲取营养并加以运用,借以反对现代主义的理性、冷漠。二是对于历史动机的折中主义立场。后现代主义不是单纯地恢复历史风格,而是对历史的风格采用抽出、混合、拼接的方法,而且这种折中处理基本是建立在现代主义设计的构造基础之上。三是娱乐性和处理装饰细节的含糊性。大部分后现代主义的作品都有戏谑、调侃的色彩。而设计上的含糊性,则不是后现代主义所特有的,不少现代主义以后的设计探索也都具有含糊的色彩。

虽然很多设计师在 20 世纪 70 年代开始认为现代主义穷途末路了,因而用不同类型的装饰风格加以修正,从而引发后现代主义运动。但是,还有一些设计师却依然坚持不懈地发展现代主义传统,完全依照现代主义的基本语言设计,根据具体情况加入简单形式并赋予象征意义。贝聿铭是其中杰出的代表,比如,他设计的香港中银大厦(图 1-69)没有烦琐的装饰,结构与细节都遵循功能和理性,但建筑结构却赋予了象征意义;又如罗浮宫金字塔(图 1-70)的结构本身不仅是功能的需要,还象征着历史与文明。除此之外,现代主义中还有一些非常个性化的探索,比如注重生态环境,注重建筑与园林相结合,反对解构主义。这些概念都具有探索精神和引导性。

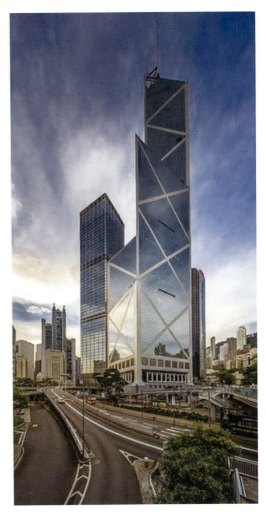

图 1-69　香港中银大厦

图 1-70　罗浮宫金字塔

三、室内设计的风格及流派

室内设计的风格和流派有时与建筑以及家具的风格和流派紧密结合,有时与相应时期的绘画、造型艺术甚至文学、音乐等的风格和流派紧密结合。例如,建筑和室内设计中的"后现代主义"一词及其含义最早出现于西班牙的文学著作中,而"风格派"则是具有鲜明特色的荷兰造型艺术的一个流派。可见,建筑艺术除了具有与物质材料、工程技术紧密联系的特征之外,还和文学、音乐以及绘画、雕塑等门类艺术之间相互沟通。

（一）室内设计的风格

从室内设计的发展历史来分类,室内设计的风格主要分为传统风格、现代风格、后现代风格、自然风格和混合型风格等。

1. 传统风格

传统风格包括中式传统风格和欧式传统风格,例如,我国古代建筑中木构架的室内藻井、天棚、挂落、雀替等构件和符号,明清时期家具的造型款式（图1-71）；西方传统风格中的罗马式（图1-72）、哥特式（图1-73）、文艺复兴式、巴洛克、洛可可、古典主义等。此外,还有日本传统风格、印度传统风格、伊斯兰传统风格、北非城堡风格等。现今传统风格的室内设计多是对不同时期建筑风格、样式的模仿或抽象提炼,因此对设计师的设计素养和设计能力有较高的要求。

传统风格的室内设计是指在室内布置、色调以及家居、陈设的造型等方面,吸取传统设计中的主要特征。如西方传统风格范畴内的哥特式风格、文艺复兴风格、巴洛克风格、洛可可风格、古典主义风格等,都具备了当时的经典特征（图1-74）；而中国传统风格的室内设计则主要指吸取传统木构架建筑室内的藻井天棚、挂落、雀替等的构成和装饰,通常具有明清家具造型和款式特征（图1-75）。此外还有众多地方和民族的传统风格。传统风格通常给人们以历史延续和地域文脉传承的感受,它使室内环境的设计突出了民族文化渊源的形象特征。

图 1-71 明清时期家具造型

图 1-72 罗马式风格

图 1-73 哥特式风格

图 1-74 西方传统室内设计

图 1-75 中式传统室内设计

2. 现代风格

现代风格源于包豪斯在1919年创立的学派,该学派的理念是打破旧传统,创造新建筑,注重功能与空间的联系,充分发挥建筑本身的形式美感,追求简洁造型,以材料为中心,强调表达方式与营造方式的一致性,提倡运用基于功能布局的不对称构图方法,推崇科学合理的构造工艺,注重材料自身的质地与色彩的搭配效果。

20世纪初以德国包豪斯学派为代表的现代主义建筑设计运动开启了现代设计之路。作为其创立者的著名建筑师格罗皮乌斯曾提出"美的观念随着思想和技术的进步而改变""在建筑表现中不能抹杀现代建筑技术,建筑表现要应用前所未有的形象"。包豪斯在此方面的贡献主要体现在教育中既注重手工艺制造,又注重将设计与工业化生产相结合。现代风格的形成过程中,注重对传统进行突破,重视对功能和空间的组织,将结构本身的形式美充分地发挥出来,反对不必要的装饰,提倡合理的构成工艺,尊重材料的性能,讲究材料自身的质感和色彩的配置效果,从而发展出了一种以功能布局为基础的不对称的构图手法(图1-76)。包豪斯的建筑与室内设计对20世纪建筑界产生了巨大的影响,是现代设计的一个代名词。从广义上讲,"现代主义"指的是简洁、新颖、富有时代气息的建筑形象与室内环境。

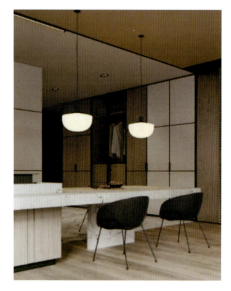

图1-76 现代主义风格的室内设计

3. 后现代风格

后现代风格最早出现在西班牙作家德·奥尼斯于1934年出版的《西班牙与西班牙语类诗选》一书中,它描写了现代风格内在的一种"倒转"现象,是一种对纯粹的现代风格理性的逆反心理。后现代的设计方法强调建筑和室内装饰应该是历史的延续性,但是并不会被传统的逻辑思维束缚,还会对各种造型手法进行创新,经常在室内设置一些夸张、变形的柱式和断裂的拱券,或者将古典构件的抽象形式用新的手法进行结合,即采用非传统的混合、叠加、错位、裂变等手法以及象征、隐喻等手段。

最早提出后现代主义概念的是美国建筑家罗伯特·文丘里。他在大学时代就挑战密斯·凡·德·勒的"少就是多"的原则,提出"少则厌烦"的看法,主张用历史建筑原素和美国的通俗文化来赋予现代建筑以审美性和娱乐性。他在早期著作《建筑的复杂性和矛盾性》中提出后现代主义的理论原则。而在《向拉斯维加斯学习》中,他进一步强调了后现代主义戏谑的成分,以及对美国通俗文化的新态度。自20世纪60年代,西方世界对工业社会的自我反省进入高潮,对300年工业文明和现代主义普遍不满,希望以新人文背景下的真实复杂感代替单一纯粹的功能主义审美形式,提倡以人的多元性发展代替科学逻辑所提供的单一选择性。后现代主义思潮便应运而生,这种思潮既是一种社会心理的自觉行为,也是对文化艺术的积极超越和矫正,它试图将技术生产方式从现代主义的逻辑中摆脱出来。后现代主义设计运动始发于建筑领域(图1-77),因为建筑和室内设计与生活的距离最近,对文化和思想变革的感受和反应也更加真实、敏锐和迅速。

图1-77 后现代主义风格的室内设计

4．自然风格

自然风格提倡"回归自然",这种风格的代表人物认为只有在审美层面上才能让人在现代高科技、快节奏的社会生活中达到身心和谐。室内装饰多采用天然材质,如木材、织物、石材等可以显示质感的材料,显得清新、淡雅。田园风格是自然风格的一种,又称为"乡村风格",通过运用天然的木材、石头、藤蔓、竹子等材质质朴的纹理,对建筑进行精心的布置,营造出一种自然、简约、优雅的气氛,将建筑的内部打造出一种悠闲、舒适、自然的田园气息。田园风格有很多种类,因此进行乡村风情的设计时,要结合当地的风俗,在室内的色彩、家具、装饰、植物等方面进行合理的选择。

建筑与室内设计中的自然主义风格很大程度上是受文学领域内的自然主义思潮的影响。它倡导文学"回归自然",在美学上推崇自然,这种风格的设计师认为在当今高科技、快节奏的社会生活中,只有回归自然才能使人们获得生理和心理的平衡。此外,由于宗旨和手法雷同,可把田园风格归入自然主义风格。田园风格在室内环境中力求表现悠闲、舒畅、自然的田园生活情趣,也常运用天然木、石、藤、竹等材质质朴的纹理(图1-78),同时也注重通过设置室内绿化营造出自然、简朴、高雅的氛围。

5．混合型风格

混合型风格是将传统的家具、摆设与现代的墙面、门窗、灯具等多种不同的设计风格进行混合搭配。室内布置中也有既趋于现代实用,又吸取传统的特征,在装饰与陈设中将古今或中外风格融于一体。如现代风格的建筑及装修,配合传统的屏风、摆设和茶几等;欧式古典风格的装修灯具,配以东方传统的家具、陈设、小品等。混合型风格虽然在设计中不拘一格,运用多种体例,但设计中仍然匠心独具,需要深入推敲形体、色彩、材质等方面的总体构图和视觉效果(图1-79)。因此,一个优秀的设计是将多种形式结合起来的设计,不仅功能完善、造型独特,更要有内涵、有文化、有灵魂,而对这些形式的理解和掌握是对设计师最大的考验。

◆ 图 1-78 田园风格室内设计

◆ 图 1-79 混合型风格

（二）室内设计的主要流派

室内设计流派主要是指现代主义室内设计的艺术派别。很多情况下,室内设计流派和建筑风格之间存在着某种联系,但也有一些流派是室内设计所独有的。我们对它们的学习与理解并不在于模仿与复制,而在于探究形成的背景与成因,并在此基础上进行深入的探讨,从而找到各自的设计原理。

1. 白色派

白色环境朴实无华、纯净、文雅、明快,有利于衬托室内的人、物,有利于显示"外借"的景观,在后现代的早期就开始流行了,直到今天仍为一些人们所喜爱。史密斯住宅作品以白色为主,具有一种超凡脱俗的气派和明显的非天然效果,被称为当代建筑中的"阳春白雪"（图 1-80）。他的设计思想和理论原则深受风格派和柯布西耶的影响,对纯净的建筑空间、体量和阳光下的立体主义构图、光影变化十分偏爱,故又被称为早期现代主义建筑的复兴主义。

图 1-80　史密斯住宅作品及史密斯本人

2. 光洁派

光洁派盛行于 20 世纪六七十年代，它的主要特征是擅长抽象形体的构成、整体结构清晰、元素流畅、实用性强、工艺精巧、没有多余的装饰。光洁派又称"极少主义派"，影响力因缺乏"人情味"而渐趋衰微，但直到今天仍能看到这类作品（图 1-81）。

图 1-81　光洁派室内风格

3. 高技派

高技派也称重技派，注重"高度工业技术"的表现，有以下几个明显的特征。首先是喜欢使用最新的材料，尤其是选用不锈钢、铝塑板或合金材料作为室内装饰及家具设计的主要材料；其次是对于结构或机械组织的暴露，如把室内水管、风管暴露在外，或使用透明的、裸露机械零件的家用电器；在功能上强调现代居室的视听功能或自动化设施，家用电器为主要陈设，构件节点精致、细巧，室内艺术品均为抽象艺术风格。高技派流行于 20 世纪 50—70 年代，著名作品有法国巴黎的蓬皮杜文化艺术中心（图 1-82）及伦敦劳埃德大厦（图 1-83）等。

图 1-82 蓬皮杜文化艺术中心

图 1-83 伦敦劳埃德大厦

4. 烦琐派

烦琐派也称为洛可可派。洛可可派是一种在 16 世纪流行于法国及欧洲其他地区的建筑装饰艺术。这一现象体现了当时贵族阶层日渐衰落和专制政治逐渐衰落的现实。其主要特征是崇尚装饰、烦琐堆砌、纤细娇俏，反映出上流社会的颓废生活观。烦琐派竭力追求夸张、崇高、堆砌、矫揉造作、富有戏剧性的装饰效果。室内空间常用手法是在光洁材料上放置一些鲜艳的家具和地毯（图 1-84）。

洛可可风格原为 18 世纪盛行于欧洲宫廷的一种建筑装饰风格，以精细轻巧和繁复的雕饰为特征。新洛可可风格继承了洛可可风格繁复的装饰特点，但装饰造型的"载体"和加工技术却运用现代新型装饰材料和现代工艺手段，从而具有华丽而略显浪漫、传统中仍不失时代气息的装饰氛围（图 1-85）。

5. 后现代主义派

后现代主义派也称装饰主义。工业化产业革命以后，人类进入了工业化时代，与此相适应的建筑也出现了注重功能、排斥装饰、应用现代材料和技术的现代主义风格，从而呈现出大量造型简洁的"国际式"建筑。到了 20 世纪 60 年代，建筑设计中便逐步流行起后现代主义派，并在相当一个阶段受到了人们的推崇。

图 1-84　洛可可派室内风格（1）

图 1-85　新洛可可派室内风格（2）

　　后现代主义内部发生的逆动，有一种现代主义纯理性的逆反心理，其风格强调建筑及室内设计应具有历史的延续性，但又不拘泥于传统的逻辑思维方式，而是探索创新造型手法，讲究人情味，常在室内设置夸张、变形、柱式和断裂的拱券，或把古典构件的抽象形式以新的手法组合一起。因此，后现代主义派采用非传统的混合、叠加、错位、裂变等手法以及象征、隐喻等手段，创造出一种将感性与理性、传统与现代融为一体的"亦此亦彼"的建筑和室内空间风格（图 1-86）。

图 1-86　后现代主义派室内风格

6. 新古典主义派

新古典主义派是工业社会对文化方面的消极影响之一。新古典主义派反映了人们的怀旧情结，其口号是"不能不知道历史"，倡导设计师"在历史中寻找灵感"。新古典主义派的最大特征是运用传统美学法则，在造型设计上追求与传统形态的神似，注重装饰，在家具和陈设的设计和选择上注重与文化背景的联系。新古典主义派更适应于典雅场所，并延续到如今的室内设计中（图1-87）。

7. 超现实主义派

超现实主义来自法语，意思是当某些东西对我们来说似乎不真实或不可能时，它对我们来说就是超现实的。该运动的支持者想要创造一种新的现实，高于先前假设的现实。超现实主义首先塑造了文学，然后是艺术。超现实主义派追求的是所谓的超越现实的艺术效果，在室内布置中经常会使用异常的空间组织，使用曲面或具有流动弧线形的界面、浓郁的色彩、变幻莫测的光影、形状奇特的家具与设备，有时候还会用现代绘画或雕塑衬托超现实的室内环境气氛。超现实主义风格的室内环境更适合于一些对视觉意象有特定需求的室内空间（图1-88）。

图 1-87　新古典主义派室内风格

图 1-88　超现实主义派室内风格

第三节　室内设计师

一、室内设计师的责任

室内设计师是一个综合要求极高的行业，成为一名优秀的设计师或设计管理者，不只是纸上谈兵，还需要有全局把控能力、精通施工工艺技术能力和谈单能力等。

在很多国家成为室内设计师必须获得从业资格证。如美国要求室内设计师通过许可考试，国家室内设计资格委员会（NCIDQ）为合格的室内设计师提供一个标准化考试，可以为他们提供许可或认证。美国NCIDQ认为室内设计师应具有如下能力：

（1）分析业主的需要、目标和有关生活的各项要求；

(2) 运用室内设计的知识综合解决各相关问题；

(3) 根据有关规范和标准的要求,从美学、舒适、功能等方面系统地提出初步的概念设计；

(4) 通过适当的表达手段,完善和展现最终的设计建议；

(5) 按照通用的无障碍设计原则和所有的相关规范,提供有关非承重内部结构、顶面设计、照明、室内细部设计材料、装饰面层、空间规划、家具、陈设和设备的施工图以及相关专业服务；

(6) 在设备、电气和承重结构设计方面,应该能与其他资质的专业人员进行合作；

(7) 可以作为业主的代理人,准备和管理投标文件与合同文件；

(8) 在设计文件的执行过程中和执行完成时,应该承担监督和评估的责任。

由以上条例可以看出,室内设计师的职业资格认证在现代已经生成了极为成熟和完善的评判和考核标准。而标准的设定恰恰是室内设计师正式成为一个专门职业的起点。

我国现代室内设计活动一般可以从半殖民地半封建社会遗留下来的设计遗产说起。中国传统建筑与室内设计活动通常由传统工匠主要负责,没有明确分工。近代由于租界区域西式建筑的大量出现,当地的传统工匠不得不尝试、钻研西方营建体系。经过多年磨炼,19世纪末上海地区的传统工匠群体在全国率先实现转型,成立了多家本土营造厂,近代营造业群体就此形成。至20世纪20年代,上海的建筑营造业市场已被本土营造厂垄断,近代营造业队伍日趋庞大,并先后出现了水木工业公所、上海特别市营造厂同业公会等行业组织。另外,源于海外留学、本土土木工程教育培养、外商建筑事务所间接培养三种途径,专门负责建筑与室内设计任务的中国早期建筑师于20世纪初开始出现,同样于20世纪20年代受过高等建筑教育的第一代中国建筑师登上历史舞台。与近代营造业群体一起,中国建筑师群体的出现,标志着近代室内设计行业分工的初步形成,并逐渐对中国室内设计的现代化转型产生影响。

中国建筑师学会于1928年规定"内部美术装修"收费标准为项目总价的15%,1946年改为10%~12%,均高于建筑设计的收费标准,反映了当时的室内设计项目已经呈现出复杂性较高、工程量较大的特点。此时,建筑师往往难以独立完成室内设计工程,内部装修者等早期室内设计师开始直接介入相关工作。

中国室内设计行业的资格认证一般下放到各省的行业协会,但由于行业协会的认证过程普遍存在操作不当及科学性和权威性的欠缺,在当前国家行政审批精简改革的背景下,"装饰设计师"这一职业自2010年被取消。这意味着,只要你接受了一定的专业教育并被市场所接受,你就可以从事这个行业了。由于没有严格的准入门槛,我国室内设计行业"鱼龙混杂",有经过系统大学专业教育的,也有经过短期培训的社会人士参与到这个行业中,一般室内设计师的社会地位和市场认可度普遍不高,设计师需要通过艰辛的劳动换取成长机会。

二、室内设计师的修养

室内设计师不仅要具备专业技能知识,还要有一定的沟通能力。从设计的发展历史不难看出,以前的设计已不能满足人们对室内设计的要求,需要优秀而全面的设计师介入,充当指导者、组织者和采购员的角色。

（一）艺术创意和表达能力

设计构思包括改进设计想法,并逐步形成一个设计理念。设计师具有创意表达的基本技能,如通过草图、立体透视图和技术图纸快速表达设计想法和理念。

（二）图纸表达能力

做方案的时候需要完成的AutoCAD图有原始图、改造图、平面布置图、天棚布置图、电视墙立面图、餐厅立面图、鞋柜立面图、衣柜立面图等,然后根据方案做三维效果图。效果图渲染出来后导入Photoshop中,补充修改不完美的地方。设计师要能够绘制草图或技术图纸,为装修工人或承建者提供装饰细节的施工图,并具备施工技巧、建筑内部设施、法规、建筑规范和安全施工等方面的知识。

(三) 文案能力和沟通能力

设计师也应该准备合同文件和协调沟通,能够清楚地表达想法、计划,能制定口头和书面的合同。设计师在与客户沟通时应全面了解客户意图,交流过程中应不时记下客户提出的问题及建议,同时充分表达自己的设计意图,并能在两者之间合理调控。

(四) 必备的建筑关联技术、知识

设计师能看懂各种土建施工图纸(管道、空调、水电),熟练掌握基本的制图技能,在与业主沟通时提供符合国家制图标准的各类设计图纸,增加说服力。

(五) 对材料市场流行趋势的综合了解

首先,设计师需要了解掌握基本装饰材料及性能以及基本价位,知道哪些材料有可能运用到设计中,掌握性能才能运用得恰到好处,而了解价位也很关键,可以帮助自己控制成本。设计师需要对市场很敏感,对新材料比较了解,这样的设计才会与时俱进,第一时间把新材料运用到设计里,让设计具有更强的竞争力。

(六) 工程造价、管理能力

具有能应用于商务管理的计算机技能以及用于测量和成本核算的设计、计算能力,具备一定的人员管理、预算、采购和市场调研能力,能监督施工、安装以及完成合同所涉及的所有工程部分。

三、室内设计师与其他专业人员

现在随着人们对于设计的细节品质、审美、身份认同、个性等心理方面的要求越来越高,设计过程中很多工序更趋向于细化和分工,能够极大程度地提高设计效率。行业分工要求我们将来做更专业的室内设计师,这也是行业发展和分工细化的必然。如果是公装空间,还会追求空间品牌文化的认同感。而这些,必须要依靠FF&E贯穿于整个设计过程,直到完美落地才可以实现。FF&E其实是几个英文单词的首字母缩写,对应的单词分别是furniture(家具)、fixture(固件)、equipment(设备),但这只是字面上的意思。在FF&E领域当中所涵盖的内容远远不止家具、固件、设备,还包括软装里的窗帘、绿植、地毯、装饰画等。凡是空间里所有可以自由移动的东西,以及五官能感知到的,比如视觉上的颜色、造型形态、选用材质等,听觉上的声音,嗅觉上的香气,触觉上的表面肌理等方面的设计内容,都在FF&E负责的范围。室内设计师配合完成对空间平面方案的布置,充分考虑好需求、功能、尺度、动线等方面的内容,确保方案的舒适度与合理性。最后FF&E与设计师的布局方案相结合,形成一套富有逻辑,充满艺术感且完整的设计方案。FF&E强调的是个性化,如果空间中需要大量的整体定制设计,那么对于FF&E来说,在设计方面的要求是更上一层楼,核心在于如何开展高效灵活的分工和协作。

而室内设计的专业团队包括对空间艺术方案进行整体控制的设计总监,将具体项目落实到实际项目中的室内设计师,利用手绘或计算机模拟空间效果的效果图设计师,利用CAD软件绘制施工图的绘图员,到施工现场负责对设计与施工进行沟通的施工员,以及根据市场行情为客户提供装饰工程预算书的预算员。同时,室内设计领域也有专门向外扩展的空间,如专攻家居领域的橱柜设计师、专攻家居个性化定制的家居设计师。

因此，在设计行业里不管是做环境艺术设计还是做视觉传达设计，或是做工业设计，分工是越来越垂直化。比如在谈判期间设计师需要有预算员配合，合理化地做出预算；在施工过程中设计师需要与结构师、照明师、供暖与暖通专业的人员、软装设计师等相关专业人员相互配合，只有这样才可以做出一件令人满意的作品（图1-89）。

图 1-89　室内设计师与其他专业人员要有分工合作

练习题
1. 请简述室内设计的含义与分类。
2. 请简述室内设计发展历程及发展趋势。
3. 室内设计流派有哪些？
4. 室内设计师需具备哪些能力？

第二章 室内设计程序与方法

学习目标

掌握室内设计思维方法和设计程序,掌握方案设计、施工图和设计服务的内容和方法。

课程思政

知识单元	教学方法	课程思政映射点
室内设计思维方法	讲授、讨论	培养创新精神与批判性思维
室内设计图纸表达	案例教学法	学生能够遵守室内设计规范要求
室内设计程序	讲授、讨论	追求质量、安全的全过程精细化管理

第一节 室内设计思维方法

室内设计实际上是指满足人们生活、工作及自我需求的手段和美学原理,它可以有意识地构造理想化建筑内部空间的实际活动。室内设计本身就是以人性为出发点,加上科技的支撑,进而提升生活环境的质量。因此室内设计师只有真正理解设计的基本内涵,才能使自己的设计拥有存在的价值,才能在创新思维的同时提高设计能力。

思维方式主要有两种,即理性思维和感性思维。理性思维又叫抽象思维,其特征是具有明确的目标,是一种点对点的空间模型,往往会得到真理性的结论。感性思维又叫形象思维,没有清晰的方向,目标是多种多样的,每个目标都有可能成立,是一点对多点的空间模型,结果是非常模糊的。

一、室内设计思维的特征

(一)理性与感性思维的融合

思维是通过人体大脑产生,用语言、动作等表达出来,对客观事物的本质进行概括的一种形态。人体的思维会对人体积累的经验进行总结和概括,并在总结概括的知识上进行演变创新,形成一种新的、独特的思维。室内设计分为感性思维和理性思维这两种思维方式。

感性思维是指以点到面,没有方向性的形象思维,而且感性思维是可以实现的,其结论一般都比较模糊,主要是对形象进行研究推理,并通过设计师的直觉及外界的色彩、形态、纹理等进行概括、综合出的一种新进组合形象,是一种高等级的思维方式。理性思维指的就是逻辑思维,具有明确的方向性,是设计师经过深思熟虑之后下定决心而产生的一种思维方式,它是一种线性的空间思维方式,具有唯一性。

因为室内设计的限制性因素有很多,而且极其复杂,所以在设计理念中如果只采用一种思维方式是无法完成相应的室内设计的。总的来讲,室内设计中最主要的是感性思维,同时还要结合理性思维,两者有机结合、相辅相成,形成多方面的思维方式。这也是室内设计的主要特征之一(图2-1)。

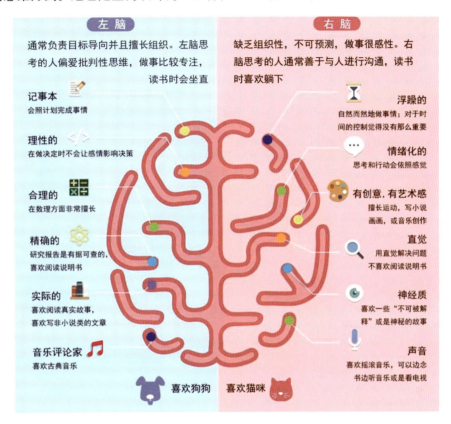

图 2-1　理性与感性相结合

(二) 多元的思维方式

由于室内设计受功能、技术、材料、经济因素的制约,在此过程中会有许多变化,不能用单一的思维去考虑问题,需要用多元化的创造性思维方法去解决所遇到的问题。

创造性的思维是多元的(图2-2),可以从多角度思考设计的切入点,从不同的方面进行设计,得出的结论既可以是一样的,也可以是多样的。可以根据不同顾客的需求设计不同的方案,供顾客选择。创造性思维的多元化为室内设计提供了灵活思维方法,使设计表现的空间更加广阔。

除了上述所说的室内设计中一些传统与现代元素相结合,以及其他一些创新的设计理念的应用等,我们同样也不能忽视室内设计对生态环保(图2-3)的情感关注。目前无论是国家级的办公空间还是商业空间,甚至住宅空间,都在大量地使用和消耗地球上有限的资源,其中大部分是不可再生资源,这对我国乃至全球的资源无疑是一种浩劫;

图 2-2　多元化的思维方式

其次是能源的浪费,比如某些室内设计片面追求形式气氛,不积极采用自然光而过分追求灯光效果,不考虑自然通风与保暖而加大空调的使用量及范围,使能源耗量加大;另外,室内装饰材料品种繁多,大多是化学合成的材料,由于利益驱使,有些生产厂家的产品质量达不到国家质量标准,有害物质污染环境,对人类伤害极大。因此,当代室内设计师不仅眼界要开阔,而且眼光要更长远,既要注重室内空间环境的设计,更要关注整个人类社会的环境质量,热爱生活,热爱人类赖以生存的地球,以便为人们创造更好的工作、生活环境。

图 2-3　绿色环保设计

(三) 提高设计素质的渠道

设计师在进行设计的时候,并不是单纯地依靠自己的专业知识就可以做得很好,因为设计与人类的社会生活联系在一起。因此,丰富的社会生活阅历和深厚的艺术造诣,对于提升设计思维质量有着不可估量的影响。对于室内设计师来说,生活与艺术都是提升自身文化素质的重要途径。只有认真观察生活,对美术创作充满热情,在大量的感性积累中汲取养分,才能构建出属于自己的一套完善的设计思维体系(图 2-4)。

图 2-4　设计思维体系

二、室内设计思维的创造

设计是一个从客观到主观,再从主观到客观的必然过程,是一个转化理念的过程。设计理念的转化包括一个从头脑中的虚拟形象朝着物化实体转变的过程,这个转变不仅表现在设计概念到工程施工的全过程,同时更是设计者自身思维外向化的过程。这个过程从抽象到具象、从二维到三维、从图纸到施工,它遵循着"循序渐进"的原则对设计思维进行创造,创造的过程有以下三步。

(一)灵感的来源

灵感分为抽象和具象两大类。抽象灵感可以理解为看不见、摸不着的概念,如哲学、宗教、个人情感和精神世界、历史问题、未知空间等社会现象。具象的灵感可以理解为是看得见、摸得着的事物。如大自然的各种现象,电影、电视、书籍等文化传播媒介,音乐或者是绘画艺术作品,现有的建筑或城市中自己的衣食住行和生活习惯等(图2-5)。

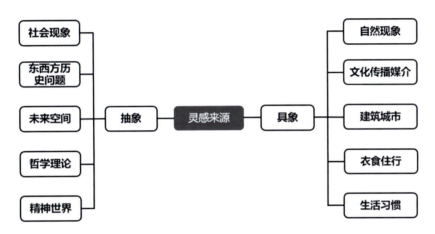

图 2-5 抽象与具象

(二)推理与演绎

推理与演绎,就是从一般性的前提出发,通过推导即"演绎",得出具体陈述或个别结论的过程。设计者需要通过逻辑推理,将无关紧要的理念剔除。在这个过程中,他们会不停地改变自己的想法,以便最终形成一个理想的方案。推理演绎的逻辑形式对于理性的重要意义在于,它对人的思维保持严密性、一贯性有着不可替代的校正作用(图2-6)。

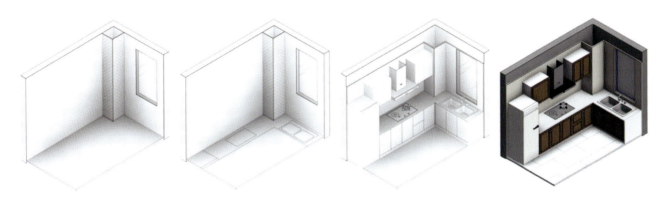

图 2-6 推理演绎

"概念"可以是一个比较宽泛的定义,可以是某种观念或理念的体现,亦可是某种想法的组成因素。从设计的角度来讲,多数情况下会被归结为某种主题或文化内涵,而这种内涵最终又会回归到设计方案中。概念设计在整个设计过程中处于前期设计构思的阶段,是设计师的一些创作灵感,是抽象的。可以说设计概念的确立是方案设计的意义性前奏和思想指导。概念可延伸为"主题",主题相对来说更为贴切或具体化一些,也更容易衍生出"元素",进而演变为具有可读性的造型形式。由此可见,设计概念的提出与确立可谓是重中之重,像是一曲交响乐的指挥,统领和协调后续的各阶段设计工作。

三、主题的确立

主题概念的建立,意味着空间设计开始具有一定的特色和灵魂。概念确立的过程是一个从混沌到清晰、从碎片化的想法到具有线索性的系统化过程。在室内设计尤其是酒店设计中,融入文化元素是最为常见的一种方式,这同样是设计概念的有力支撑。文化是特殊地域或群体的价值观念的体现,也是一般性或独特性的显露。空间环境是从属于某地域范畴,同样也是为一般群体或特殊群体服务的。因而,设计伊始,在设计概念的确立阶段,将文化元素进行解剖或重构,将其定义为特定的设计形式和具有象征性的寓意,有助于设计方案的展开进行。而文化元素包罗万象,可以是该地区的某种自然地理位置和气候形成的地理环境(图2-7),可以是历史长河中留存下来的建筑语言形式(图2-8),可以是某种服饰或器具等。这一系列的文化元素包含了天、地、人三者之间的某种联系,也包含了人们的生活经验和价值观念,因此对于在设计项目中的运用是具有一定关联性和指导性的。

🔸 图2-7 宁夏彭阳县梯田

在传达自身设计理念的同时,设计师要对传统文化,尤其是地域文化做深入研究。将地域及人文因素融入设计中,本身就是"以人为本"的基本体现。烘托某种空间氛围,塑造某种生活方式,传递某种人与空间的关系等,都是设计概念的一种形式,而设计概念的形式则可以通过特定的语言元素进行表达,两者是紧密关联的。项目元素侧重于"已经存在的"因素。众所周知,室内空间的设计是依附于建筑设计的。近年来特别是商业性质的设计项目,其建筑外观具有较高的可识别性和语言的特殊性(图2-9)。建筑设计本身在一定程度上是地域文化元素以及企业自身元素的综合呈现,因此,从这个角度来讲,项目元素可作为室内空间环境设计的部分依据。通俗地理解,即将建筑语言元素有机组合与重构,进而运用到内部空间设计中。

图 2-8　福建龙岩永定土楼

图 2-9　理想国社区咖啡店

第二节　室内设计图纸表达

一、草图与初步模型

作为一名出色的室内设计师，其灵感往往是一瞬间的闪现，要捕捉灵感就要求设计师必须有良好的快速表现能力，而室内设计创意草图则是设计师构思的记录形式。作为构思阶段的草图，应尽可能地从多方面入手，不应拘泥于细节，要把跳跃式的设想迅速地落实在纸面上。设计师在设计的各个阶段都可能画一些草图，因为一张草图不可能解决全部问题，这些草图不仅有平立面的布置与设计，也具有透视效果的空间界面，使草图具有立体的构思和造型设计。这种直观的形象构思是设计师对方案进行自我推敲的一种语言,它的表现手段讲究精练、简略、快速、生动(图2-10)。在方案设计的开始阶段,最初的设计意向是模糊的,而设计的过程是对设计条件不断的调整,草图就是把设计过程中有机的、偶发的灵感及对设计条件的"协调"过程记录下来。我们可通过草图进行创造,在发现问题时,头脑里的思维通过手的勾勒,使图形跃然纸上,而所勾勒的形象通过眼睛的观察又被反馈到大脑里,刺激大脑作进一步思考,如此循环往复,最初的设计方案也就随之完善、深入。实际上,设计草图训练也是培养学生形象化思维能力、创新能力、评估能力以及方案设计的重要方法和途径。

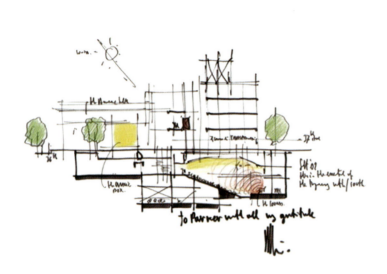

图2-10　方案草图

二、分析图

分析图就是在设计草图的基础上完善立面、家具、照明、陈设等设计,因为在设计草图阶段,不可能把各个因素都考虑得非常周到,但是它们都已经被纳入设计的整体思维之中,到了分析图阶段,就必须将已经思考过的这些因素用图的形式表现出来,这样能较直观地检查设计效果(图2-11)。

三、设计表现

室内设计的最终目的是在各种条件的限制内协调人与相应空间之间的合理性,以使其设计结果能够影响和改变人的生活状态。为了达到这一目的,从设计到工程的实施多角度考虑人们的要求,多手段地表现效果,室内设计需调动多种表达信息、符号才能让人接受、理解。

(一)图纸表达

室内空间设计的图纸表达方式是按照工程进度配置的,工程设计创意阶段是用施工图纸表达工程设计内容,工程竣工后的验收、决算等需要竣工图纸,简洁明快的视觉直观效果需要效果图表现等。

施工图纸表达内容及要求如下。

(1)图纸的封面、封底、版式(图2-12)。

(2)首页图。包括设计图纸目录和设计说明(图2-13)。

图 2-11　手绘分析图

武汉 X X 室内装饰设计

武汉 X X 设计工程有限责任公司

2023

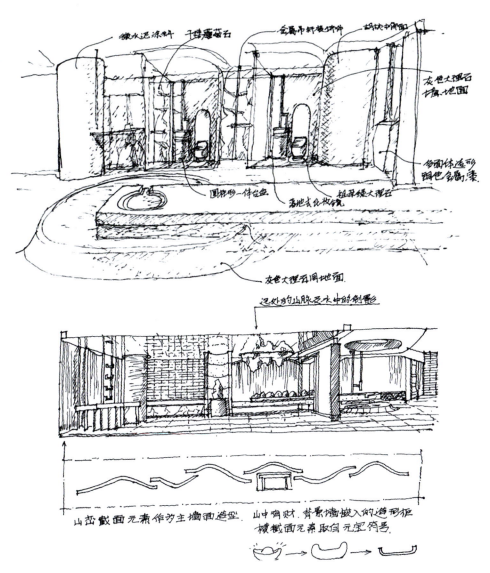

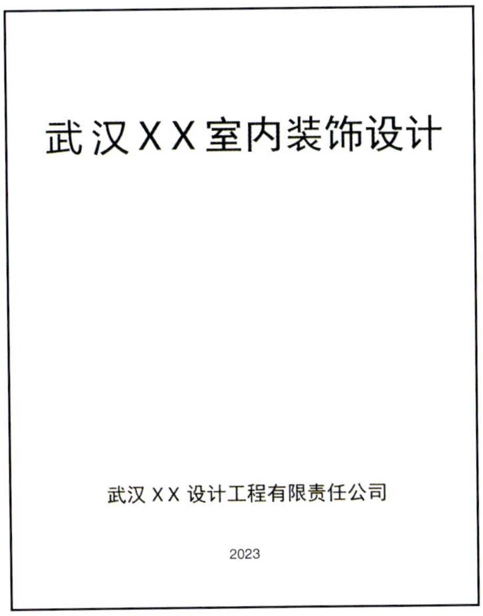

图 2-12　图纸的封面

序号	图纸名称	图号	图幅	比例	备注	序号	图纸名称	图号	图幅	比例	备注
01	图纸目录	01	A2	1:100							
02	拆墙定位图	P01	A2	1:50							
03	新增隔墙定位图	P02	A2	1:50							
04	墙面材料定位图	P03	A2	1:50							
05	平面布置图	P04	A2	1:50							
06	天花定位图	P05	A2	1:50							
07	灯具定位图	P06	A2	1:50							
08	地面铺装图	P07	A2	1:50							
09	强弱电定位图	P08	A2	1:50							
10	多功能区A/B/C/D立面图	E01	A3	1:50							
11	酒窖-入户走廊A/C立面图 酒窖B/D立面图	E02	A3	1:50							
12	厨房A/B/C/D立面图	E03	A3	1:50							
13	客卧A/B/C/D立面图	E04	A3	1:50							
14	次卧1A/B/C/D立面图	E05	A3	1:50							
15	次卧2A/B/C/D立面图	E06	A3	1:50							
16	客餐厅A/C立面图 主阳台A/B立面图	E07	A3	1:50							
17	衣帽间-主卧A/C立面图 客餐厅B/D立面图	E08	A3	1:50							
18	衣帽间-主卧A/C立面图 主卧B/D立面图	E09	A3	1:50							
19	主卫A/B/C/D立面图	E10	A3	1:50							
20	客卫A/B/C/D立面图 次卫1A/B立面图	E11	A3	1:50							
21	次卫1C/D立面图 次卫2A/B/C/D立面图	E12	A3	1:50							
22	主卫新增壁龛墙剖立面图	E13	A3	1:50							
23	恒温酒窖平面图	DY01	A3	1:50							
24	恒温酒窖灯具布置图	DY02	A3	1:50							
25	恒温酒窖A/B立面图	DY03	A3	1:50							
26	恒温酒窖C/D立面图	DY04	A3	1:50							
27	硬包与石材连接处节点示意图 酒窖地台剖面示意图	DY05	A3	1:50							
28	客厅背景墙节点大样示意图	DY06	A3	1:50							
29	客厅电视背景墙节点大样示意图	DY07	A3	1:50							

figure 图2-13 图纸目录

（3）平面测量图。包括所有墙体内部尺寸、门窗洞尺寸、梁柱、上水、下水、地漏、坑管、空调洞、排风口、配电箱等（图2-14）。

（4）平面布置图。可以按照楼层的顺序排列，包括室内功能空间范围划分、拆砌墙示意及尺寸标注、整体尺寸标注、防水作业区标示、固定家具尺寸标注等（图2-15）。

（5）天花布置图。包括层高、空调送风、消防报警系统、音频、视频设备的安装位置、窗帘盒、材质、灯具位置、吊顶造型、灯具图例等（图2-16）。

（6）地面平面图。地面满铺材质填充，加文字标注、局部造型区材质说明及尺寸标注等（图2-17）。

（7）电气工程施工图。包括电路图、开关控制线路图等，如强、弱电线路走向，灯位线路，多媒体，智能化插座位置分布图，插座布置说明，灯具开关布置图，各灯具型号及色系、尺寸，各开关位置及功能标示等（图2-18）。

（8）室内给排水施工图。也就是水路布置图，包括冷、热水管排放走向示意图、冷热水管铺设走向图、开槽部位示意图等。

（9）立面图。包括室内主要造型的立面、各空间的造型立面及家具、隔断的立面、装饰构造、门窗、构配件节点图等（图2-19）。

（10）装饰详图。包括墙、柱面剖面图，装饰造型详图，家具详图，门窗及门套详图，楼地面详图，装饰小品，饰物图（图2-20）。

第二章 室内设计程序与方法

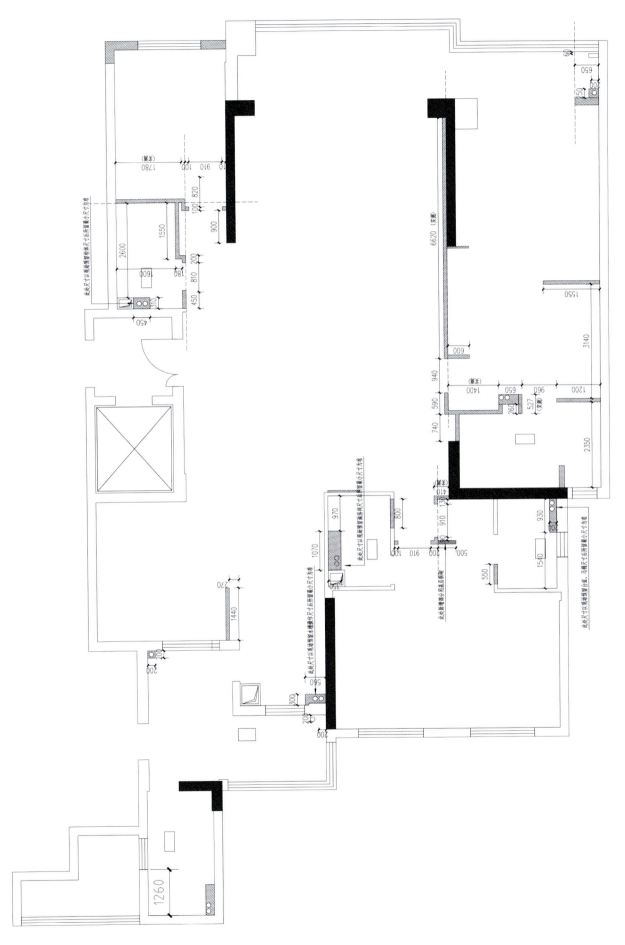

图 2-14 平面测量图

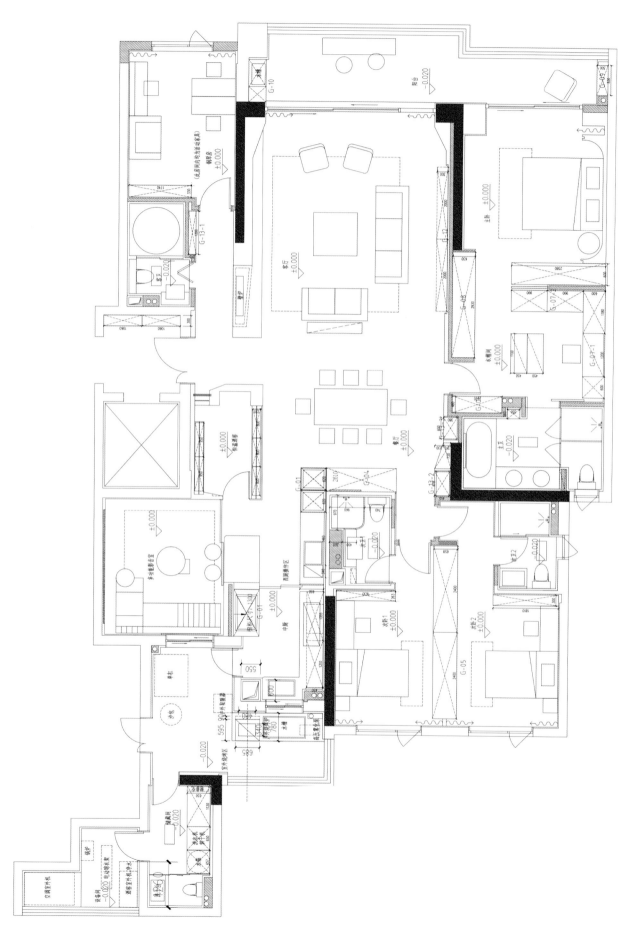

图 2-15 平面布置图

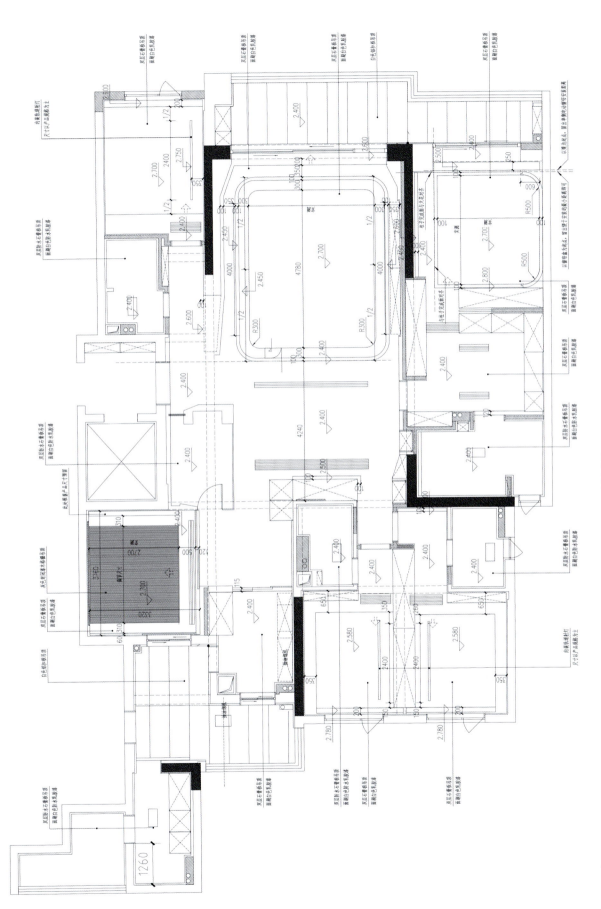

图 2-16 天花布置图

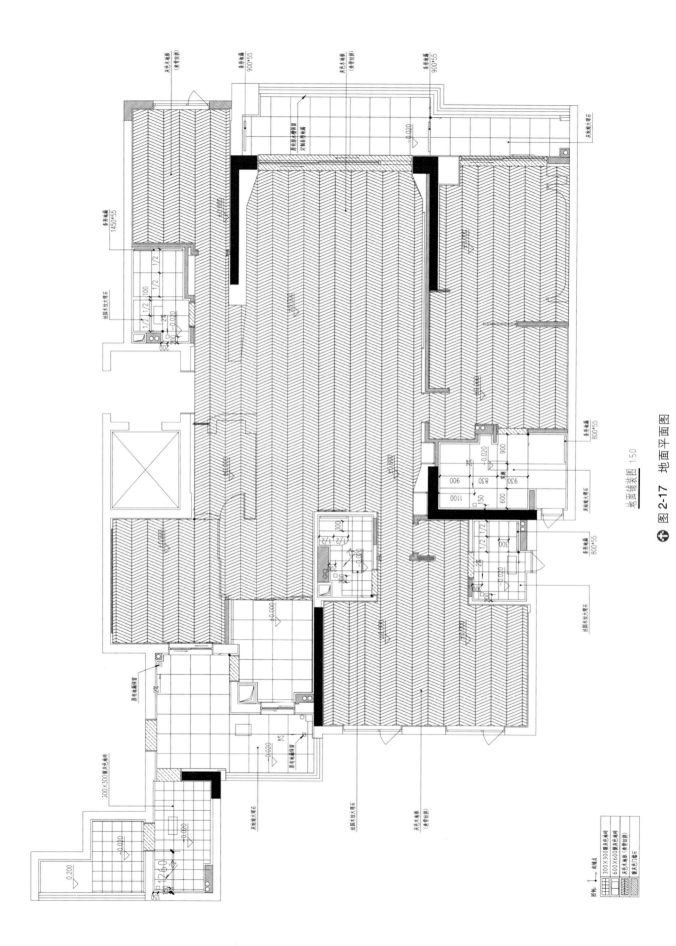

图 2-17 地面平面图

第二章 室内设计程序与方法

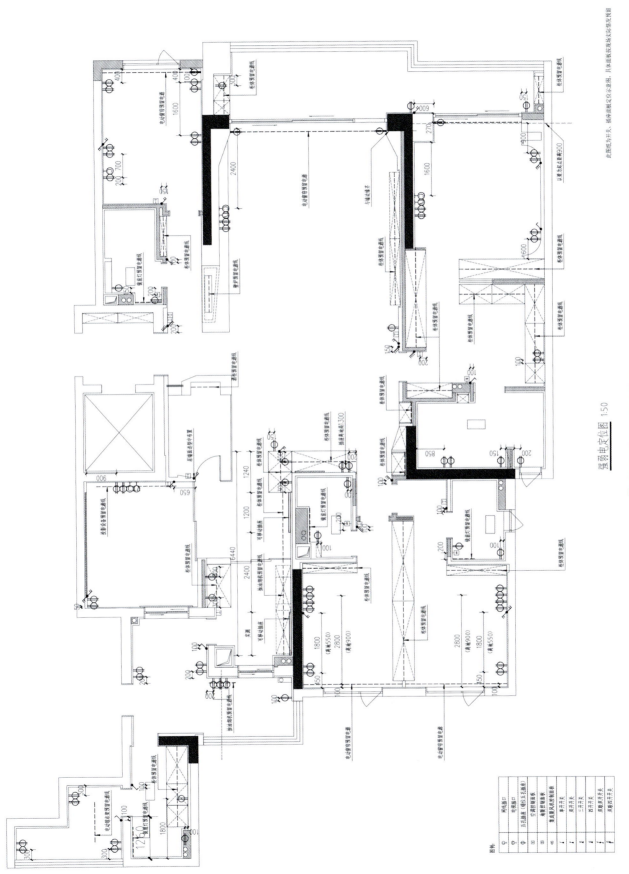

图 2-18 电气施工图

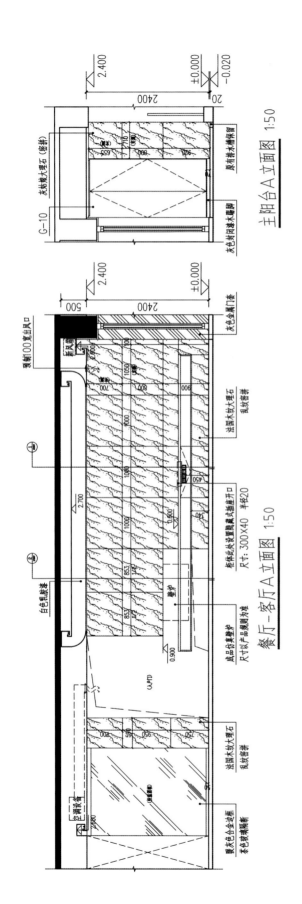
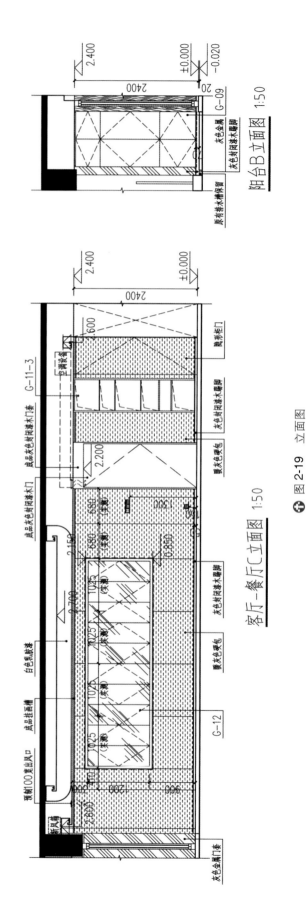

图 2-19 立面图

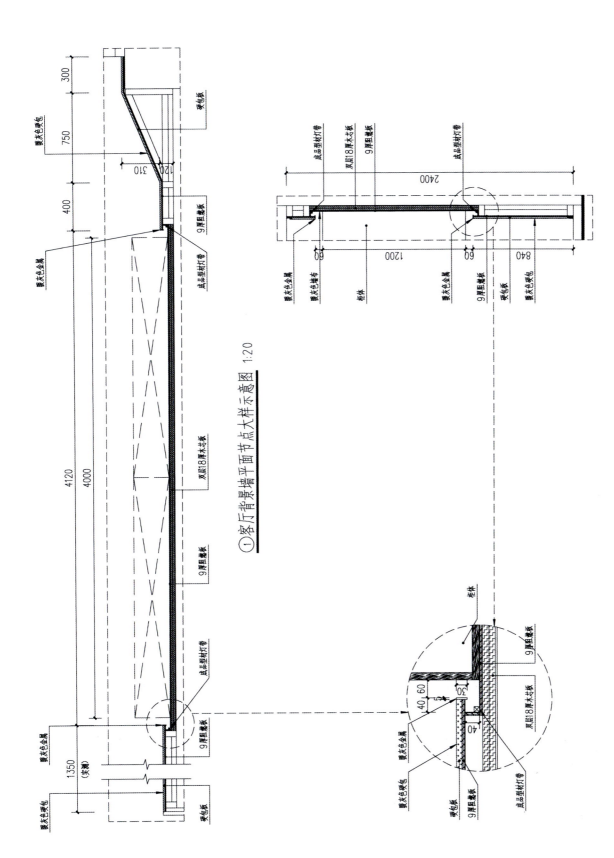

图 2-20 装饰详图

(11) 柜体设计图、安装施工详图（图 2-21）。

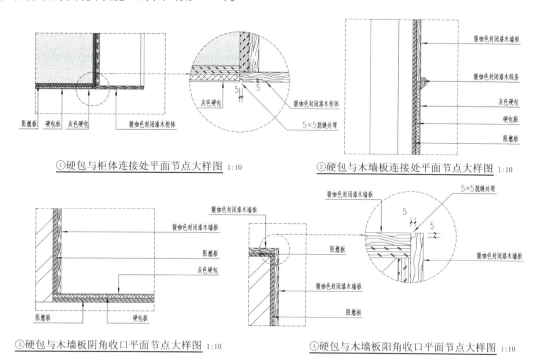

图 2-21　柜体节点图

（二）效果图的表达内容与要求

1. 手绘效果图

传统的手绘效果图指的是按照空间尺寸选择恰当的比例绘制空间的结构与布局，采用不同种类的色彩颜料进行手工的色彩渲染，其色彩颜料包含水粉、水彩等。目前，装饰行业的发展推动了手绘快速表现技法的成熟，利用彩色铅笔与马克笔等工具相结合的方式是一种快速且行之有效的方法，也是设计人员必须具备的专业技能。虽然最近几年计算机效果图的出现冲击着手绘效果图的使用，但一些人对手绘效果图技能表现的认识是错误的，认为计算机制图可以代替手绘设计的烦琐过程。实际上，手绘的艺术价值和审美角度不可估量，要正确地处理好手绘效果图表现与计算机效果图表现的关系，使艺术表现手段更加丰富和完善（图 2-22）。

图 2-22　手绘效果图

2．计算机效果图

计算机效果图（图2-23）是使用AutoCAD、SketchUP、Enscape、3ds MAX、Photoshop等专业计算机软件制作模拟空间结构、场景、布局、家具、材料、灯光、色彩等一切设计要素，力求达到真实的效果，具有高度清晰、仿真、精细的优点，是设计相关行业使用比较广泛、快捷且业主容易接受的最有效的表达方式。

图2-23　计算机效果图

3．手绘与计算机绘图

把手绘的线条稿用扫描仪输入成文件存储到计算机后，利用平面处理软件添加颜色、处理立体效果，发挥手绘图线条的流动美和计算机图的强大修改创造功能，结合二者的优点，形成新流行的一种绘图表达方式。

4．轴测图

轴测图（图2-24）属于平行投影图，根据投影方向的不同分为正轴测投影和斜轴测投影。轴测图的制作方法简便，立体感较强，直观性好，适合表达室内空间的分隔及家具布置等，比如用来制作辅助图样，或用于房地产楼盘户型图、家具模型图的表现。

图2-24　轴测图

5．鸟瞰图

鸟瞰图（图2-25）采用俯视的角度观看物体，就像站在山上看山下的景物，能看到较大范围空间的整体布局，适合用于场景比较大的场所，可表现整体空间布局，与轴测图的表达作用相似，但鸟瞰图是透视制图的一种，有主要的消失方向，遵循透视规律。

图2-25　鸟瞰图

6．彩色平面图

彩色平面图（图2-26）是在一般平面图的基础上，用各种颜色划分不同的区域，形成直观的效果，增添画面的艺术气息，增加物体的立体感。彩色平面图常用于园林景观规划、建筑总平面图、室内景观平面图、家居平面布局等，也可以在立面投影图的基础上添加颜色来表达特殊空间的艺术设计气息。

图2-26　彩色平面图

7．概念草稿

概念草稿（图 2-27）采用几何形体或者线条、色块等表现建筑内部空间布局、形态、语言等，适合在设计的初级阶段使用，或者是在渲染设计的痕迹与笔触时，经常被淋漓尽致地呈现在设计画面中。

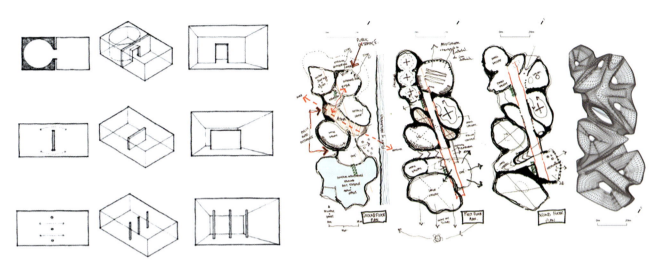

图 2-27　概念草稿

（三）文字表达

（1）设计说明、施工说明、项目创意书等（图 2-28）。

图 2-28　项目创意书

(2)材质说明及设计方案中材料确认表包括材料的品牌、规格、等级、数量、价格等,也可以用表格的形式表达(表2-1)。

表2-1 材质说明

客户	××××房地产开发有限公司			服务编码	××××	
工程名称	××××A4样板房			负责人	×××	
材料编号	应用范围	类型/用途	材料明细	工艺说明	供应商	图片
			[P]漆			
PT-01	客厅/餐厅/厨房 主卧室/儿童房 卫生间/阳台 厨房布局墙面	顶面	白色乳胶漆(多乐士) 型号:88/014 等级:特级 颜色:白色	无	联系人:××× 联系电话:××××××××××	
			[C]瓷砖			
CT-01	阳台	地面	金驼 型号:PD6502 等级:优等 规格:300×300mm 颜色:米黄色砖	无	联系人:××× 联系电话:××××××××××	
			[S]石材			
ST-01	客厅/餐厅/厨房 过道	地面	浅咖网 型号: 等级:特级 规格:900×900mm 颜色:米白仿皮革 (带金纹)	无	联系人:××× 联系电话:××××××××××	

（3）室内设计委托合同、施工合同、委托协议等（图 2-29）。

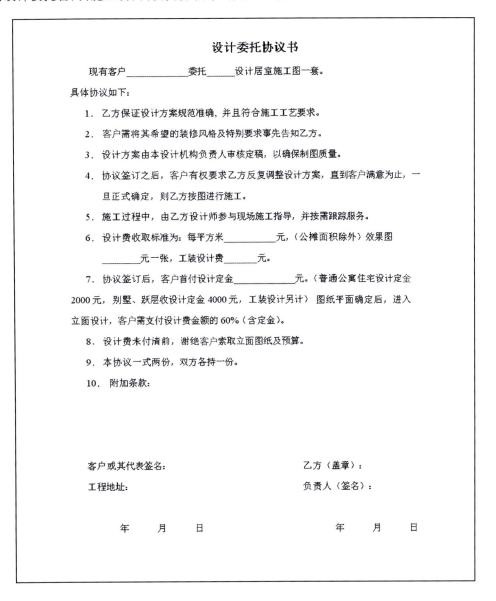

图 2-29　室内设计委托合同

（4）工程造价预算、竣工决算等。表 2-2 是室内区域改造设计估算表。

（四）综合表达

根据工程性质的差异，室内设计的表达方式也有许多种，并不是每一项工程设计都是按照设计施工图纸来进行的。在国内，室内装修行业发展时间尚短，行业规范力度也不够强大。目前，随着房地产行业的不断发展，城市的不断扩大，人们对住房的要求不断提高，市场的竞争也在不断加剧，许多设计公司推出"设计套餐"或者"设计一条龙"服务、免费设计等营销手段，大大降低了设计的实用性和艺术性。所以在设计表现上，不可避免地会存在一些不规范的现象，如现场的工程师会让工人根据自己的经验进行设计，或是直接按照样板间进行制作，或是由技术工人在现场创作。这种现象严重扰乱了建筑市场的正常竞争，造成了目前装修项目的低利润，部分工程质量不达标。除此之外，正式的设计方案还有多媒体演示、模型制作、样板间参观、计算机 3D 动画演示、材料样板、市场选择等（图 2-30）。

表 2-2　室内区域改造设计估算表

区域	层数	空间类型	面积（m²）	单价（元/m²）	总价（元）	备注
A区	一层	预留室	128.1	500	64,050.0	
		心理咨询室	176.9	1500	265,350.0	
	二层	计算机教室	128.1	800	102,480.0	
		录播教室	128.1	0	0.0	
	三层	创客中心	128.1	200	25,620.0	
		广播室	128.1	200	25,620.0	
		卫生间（合计四层）	208.4	1080	225,072.0	
		公共空间合计	440.4	1100	484,440.0	
B区	一层	普通教室	262.9	720	189,288.0	
	二层		262.9	720	189,288.0	
	三层		262.9	720	189,288.0	
	四层		262.9	720	189,288.0	
		公共空间合计	767.6	1100	844,360.0	
C区	一层	教师办公室	58.2	720	41,904.0	
		科学/劳动教室	186.7	720	134,424.0	
	二层	教师办公室	58.2	720	41,904.0	
		音乐/美术教室	186.7	720	134,424.0	
	三层	教师办公室	58.2	720	41,904.0	
		普通教室	93.3	720	67,176.0	
		库房	93.3	200	18,660.0	
	四层	教师办公室	58.2	720	41,904.0	
		普通教室	186.7	720	134,424.0	
		公共空间合计	856.8	200	171,360.0	
D区	一层	阶梯教室	266.2	0	0.0	
		公共空间合计	194.4	200	38,880.0	
E区	一层	舞蹈教室	223.3	0	0.0	
		公共空间合计	409.8	200	81,960.0	
F区	二层	党员活动室、少先队活动室	180	1200	216,000.0	
		公共空间合计	185.1	200	37,020.0	
		施工成本估算			3,996,088.0	
税金9%+10%管理费+改造现场因素变更等原因造成约25%的增项					4,995,110.0	
		总面积（m²）	6580.5	均价（元/m²）	759.1	以上价格不包含监控、网络、教学设备、活动家具、软装、公共区域标识导视等
G区	一层	门厅	390	2000	780,000.0	
A区	二层	录播教室	128.1	1500	192,150.0	
		电气改造	6580	510	3,355,800.0	
		给排水改造	600	500	300,000.0	

图 2-30　设计方案多样化

第三节　室内设计程序步骤

室内设计根据其专业特点，有一套既严谨又复杂的工作流程。完整的设计程序是设计质量的前提与保证。通常分为以下四个阶段：设计准备阶段、方案设计阶段、施工图设计阶段、设计实施阶段。

一、设计准备阶段

设计准备阶段主要是接受委托任务书，签订合同，或者根据标书要求参加投标；明确设计期限并制订设计计划进度安排，考虑各有关工种的配合与协调；明确设计任务和要求，如室内设计任务的使用性质、功能特点、设计规模、等级标准、总造价，根据任务的使用性质所需创造的室内环境氛围、文化内涵或艺术风格等，运用资料收集、观察实验、勘察测绘等调查方法以及信息研究方法来收集、分析必要的资料和信息，包括空间环境调研和空间使用者调研等，从而用于展开初步的探讨与分析。此外委托方是否有特殊的要求，设计方需要提前了解，以便设定合适的设计原则。签订合同前，还需要协商设计费的支付标准，确定按照平方收费还是工程总额的百分比收费。

这一阶段的主要任务和工作内容是全方位了解和收集项目相关资料，为之后的方案落实提供必要的基础和充足的依据，并且提出概念草图方案。在获得设计任务书（还要向业主索要相关图纸文件，包括设计任务书、建筑平面图、立面图、剖面图、暖通、电气图等）后应该进行相关的调研，这主要包括实地勘察和收集相关项目资料及同类项目资料，设计者应该针对每个项目对收集整理的资料进行专项记录，以便以后能够更好地将资料和构思系统化。当然，这一阶段还要与业主很好地进行沟通，记录并确认甲方的行业性质，关乎设计范围、功能需求、中长期规划情况、空间意象、风格定位、造价标准等内容，为设计提供基础条件和创意来源。

二、方案设计阶段

这是在对工程现状和设计意图有一个全面认识的前提下，对与设计任务相关的数据和信息进行进一步的收集、分析、研究，并对其进行构思，通过对多个方案进行分析对比，最终形成初步方案，并提出方案设计文件。而在进行方案构思时，还应考虑到很多问题都是模糊的、零散的、不系统的，要将这些模糊的、零散的、不系统的设计理念转化成我们可以看到的、具体的方案，这就是我们要学的方案的构思方法。

这一阶段主要是正式方案的提出阶段。正式方案的提出是建立在明确的概念方案上的，是从各个方面对概念方案的一个深入，将提出的概念用可识别的视觉语言表达出来。在这之前，设计师需要与其他相关专业人员进行协调，尽量提前化解可能发生的矛盾。之后概念方案可转化为真正可以实现的，通过室内平面布置图、顶棚平面图、立面图、透视图等不同的图纸内容来传达的具体空间形式。同时，设计师还要提供材料示意图（或材料样板）和家具示意图。并且在实际工程项目中有时须在此阶段编制工程概算及投标文件，构思方案的提出与确定阶段设计最终应该得到室内装饰工程和家具工程的设计成果。室内装饰工程包括设计说明、空间特性评价、平面图、顶面图、剖面图、色彩设计图、照明设计图、透视图、饰面一览表。家具工程包括设计说明本构思定位、模型图、平面图、立面图、剖面图、细部构造。此外在这一阶段结束时，设计师们也应该对目前为止所完成的设计状况进行自我检查，比如是否符合功能需求，是否维护并深化了概念，具体的问题是否得到明确的定义和解决，是否将行业标准等因素考虑在内等。在限定的时限内，在充分符合甲方需求的条件下，坚持个性创意和原创设计，最终做出一系列令顾客满意的室内设计。

三、施工图设计阶段

施工图设计阶段需要重点把握不同材料类型的物质特征、规格尺寸、最佳表现方式，充分利用材料链接方式的构造特征来表达设计意图，将室内环境系统设备（灯具样式、空调风口、暖气造型、管道设备等）与空间界面构图结合成一个有机整体，关注空间细节的表现，如空间界面的转折点和不同材料衔接处的处理。

这一阶段的设计成果目录（一套完整的室内设计施工图）包括封面（工程项目名称）、设计说明、防火说明、施工说明、目录、门窗表、室内各层平面布置图、室内各层地面铺装图、室内各层顶棚平面图、剖立面图、细部大样和构造节点图。与这一过程所需要的技术相对应，要求设计师必须掌握一定的施工技术与构造工艺等知识，并且要能够与其他相关技术种类（如水、电暖通、消防等）相配合。

因此，施工图设计的主要内容是根据批准的初步设计，绘制出正确、完整和尽可能详细的建筑、安装图纸，包括建设项目部分工程的详图、零部件结构明细表、验收标准、方法、施工图预算等。此设计文件应当满足设备材料采购、非标准设备制作和施工的需要，并注明建筑工程合理使用年限。这几个阶段，施工图的工作量大、设计周期短、后期服务过程长。由此可见施工图设计是一门综合性很强的学科，图纸的完整度直接影响着方案和施工的落地。

四、设计实施阶段

设计实施指的是根据甲方要求，组织专业人员跟进督促。按施工图施工，根据现场情况及时完成设计变更，包括由甲方、施工方提出的合理建议而发生的设计变更或人力不可抗拒因素引起的设计变更。这种变更对于设计机构来说非常重要，对变更内容进行归纳总结，能有效地推动设计单位的改善与提升。施工结束后，由施工单位或委托有设计资质的设计机构按照实际施工情况制作竣工图，特别是要对土建工程、房屋建筑工程、电气安装工程、给排水工程中管道的实际走向和其他设备的实际安装情况进行详细的标注。按照国家的要求，建设单位在完成建设项目的验收后，应当提交建设项目的竣工图纸。

计划实施阶段是指工程的施工阶段。室内工程开始之前，由设计者对施工方进行设计意图的阐述和技术指导；在项目进行过程中，需要按照图纸的规定核对施工实际情况，在某些情况下还需要根据实际情况，对图纸进行部分的修正或补充（由设计单位出具修改通知书）；竣工后，与质量检验机构及施工企业共同对项目进行验收。要想让设计达到期望的结果，室内设计人员一定要把每个环节都做好，对设计、施工、材料、设备等各个环节要充分重视，并熟悉和重视与原建筑物的建筑设计、设施（风、水、电等设备工程）设计的衔接，同时要协调好与施工单位的关系,在设计意向和构想上取得沟通与共识,才能得到一个令人满意的设计工程结果。

施工图的绘制结束标志着该项目在图纸阶段的工作已经基本完成,接下来就是由工程施工方按照图纸进行施工。在这一阶段,设计师的主要工作是材料选择与施工监理,以及与业主与施工方的具体协调等。

在此过程中,设计者必须先做"设计交底",即向施工人员说明设计意图和施工需要注意的事项和细节,并协助施工者将图纸整理清楚。之后设计师还要经常在工地上对施工进行指导,如图纸上的一些结构、尺寸、色彩、图案等是否与工地的实际情况相一致,对未完成图纸进行细化并加以证明,处理好与各环节的冲突等。因此,设计者往往要对原来的设计方案作必要的局部修正,并绘制变更图。当项目较大时通常还需要聘请专业施工监理。

其施工的基本流程如下:

(1) 准备工作(图2-31)。施工人员熟悉设计图纸。装修公司应该开始为施工做一些必要的检查与准备。对电梯间、入户门、原有门窗、煤气表、强弱电配电箱、可视电话进行保护,下水管口遮盖,安装一次性马桶,将不合格的原有涂料铲除,给墙面地面涂上界面剂。

↑ 图2-31 准备工作图

(2) 结构改造(图2-32)。土建、墙体改造是第一步,按照设计方案和施工图纸进行拆墙和砌墙的施工,注意承重墙不能被破坏。

↑ 图2-32 结构改造图

（3）水电改造（图 2-33）。水电入场定位，开线槽。业主根据电工开单购买材料。放线管、水管并穿线。需要根据设计方案，或者现场沟通时根据业主需求再增加，将每一个点位做到位，原则上"宁多勿少"。其次，水电工程从材料到施工质量都要有保证，不然后期出了问题不仅难以维修，还存在安全隐患。

🔼 图 2-33　改造方案图

（4）木作工程（图 2-34）。木工现场施工并制作造型天花。木工在这个阶段，吊顶、门窗、背景墙、造型、柜子等将进行施工。木工的施工质量能直接影响到后期落地完成的效果，设计的材料配件也较多。同时木工不仅是施工时间比较长的一个工种，而且费用占比大，技术要求高。

（5）泥瓦工程（图 2-35）。木工完成天花后，泥水工入场，提前让工人送水泥及沙子。泥水工确定地面平水弹线。先处理卫生间沉箱防水，因为要 24 小时存水看有没有渗漏。其间泥工可以铺贴各空间地面砖，后面才铺贴墙砖，同时做好地面成品保护。定制柜入场可在地面铺完后量尺设计制作，橱柜也可以量尺定制。

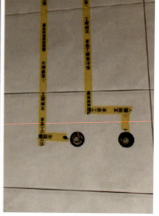

🔼 图 2-34　木作工程图　　　　　🔼 图 2-35　泥瓦工程图

（6）涂料工程（图 2-36）。到了涂料工程这一步硬装部分基本快要结束了，不管墙面装饰是用乳胶漆还是墙纸墙布，墙面基层是一定要做好的。一般来说墙面施工之前会将原有的涂料层全部铲除，再进行后续施工，基层使用墙面泥子膏施工，保证墙面平整光洁，面漆是一底两面。注意涂刷乳胶漆之前一定要确保泥子层充分干燥，每一遍乳胶漆都要干燥之后再刷下一次。泥工完成后，刮塑师傅便可以入场施工了。

（7）安装工程（图 2-37）。墙面工程之后安装灯具、柜体、铝扣天花、橱柜吊柜、门、洁具、开关插座等。

（8）清洁现场（图 2-38）。所有施工工程完毕，施工方需要将现场清理干净。按照工程验收标准对工程质量进行验收，有问题及时发现、提出和整改。验收通过后，做好保洁，家具电器等软装就可以入场了。

图 2-36 装饰工程图

图 2-37 安装工程图

图 2-38 清洁交场图

练习题

1. 室内设计思维有哪些特征？
2. 室内设计程序分为几个步骤？各阶段的任务是什么？
3. 室内设计图纸表达的目的是什么？

第三章 室内空间设计基础

学习目标

掌握室内设计空间要素,能够运用人机工程、室内色彩设计、室内照明设计、陈设与软装设计等知识处理各个室内空间界面。

课程思政

知识单元	教学方法	课程思政映射点
空间与功能	讲授、讨论	践行科学、严谨、细致的工匠精神
造型与艺术	讲授、讨论	进行爱国主义和传统文化教育,增强文化自信
陈设与绿化	案例教学法	秉承可持续发展理念、以人为本的设计观
材料与构造	案例教学法	紧跟行业发展,不断学习行业的最新材料和技术

第一节 空间与功能

一、室内设计与功能

室内功能是室内物质结构对于身心活动所引起的作用或反应。换句话说,由于室内的空间结构和设备条件不同,因而对生活活动产生各种不同的效果和影响。严格地说,室内功能是判定生活环境价值的根本基础,任何缺乏功能的空间皆无存在的意义。

室内功能相当复杂,但可以归纳成下列三种基本形态(图3-1)。

(一)物理功能

室内的物理功能可以解释为室内的物质结构通过科学方法处理以后所获得的正面作用或效果。简单扼要地说,正确的空间结构和完善的设备条件是产生室内物理功能的两个主要因素。一方面,构成室内空间的墙壁、屋顶、门窗等细部的结构是否正确,直接影响到防震、隔热、隔音、通风和采光等效果,这是空间结构所产生的物理功能;另一方面,如空调、电梯等设备的保障效率等都属于设备陈设所产生的物理功能。在原则

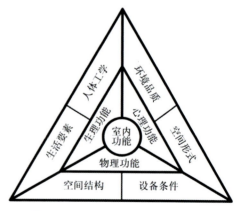

图3-1 室内空间三种基本形态

上,室内的物理功能是非常客观的,只要条件不变即能产生相同的效果。然而,物理功能本身并无具体的意义,它的主要价值在于加强室内的生理和心理功能基础。

(二)生理功能

室内的生理功能可以解释为室内的物质结构通过科学方法处理以后对于人类身体方面所引起的正面效用。要使室内获得充分的生理功能,至少必须具备三个基本的条件,即充分的生活要素、合理的设备结构、有效的空间计划。充分的生活要素不仅是生理健康的根本保障,而且是心理健康的必要基础,它主要包括充足的阳光和新鲜的空气等自然生活要素,以及卫生的给水与排水、良好的通风、适宜的室温、合理的光线、安全的设施和整洁宁静的环境等人为生活要素。合理的设备结构主要以科学的人体工学和科技方法为基础,能节省体力并提高效率。有效的空间形式主要取决于合理的空间设计和适当的动线设计,使之适于生活活动的进行,并获得舒适、便利、安全等多重效果。在原则上,室内的生理功能必须依据个别生理条件的差异予以适当的调节,才能发挥完满的作用。

(三)心理功能

室内的心理功能是室内的物质结构通过艺术和科学手法处理以后对于人类精神方面产生的积极效用。室内的心理功能一方面建立在鲜明的环境意识和特定的环境条件上,另一方面表现在优美的空间形式和独特的空间质量上。鲜明的环境意识足以让人产生强烈的归属感和安全感,而严密的环境条件可以创造良好的私密性和宁静性。前者有利于健全人格的发展,后者有助于健康心理的培养。同时,独特的空间质量和优美的空间形式具有调剂精神和陶冶情操的功能。

室内功能虽然可以划分为上述三种基本类型,并且它们各有完全不同的性质和作用,但是,它们并非各自孤立的,彼此之间存在着密切的关系。实质上,室内的物理功能是生理功能和心理功能的共同条件,室内的生理功能是心理功能的必要基础,而室内的心理功能也能起到加强物理功能和生理功能的作用。换句话说,室内功能是综合了物理、生理和心理的共同需要的一个整体,必须同时兼顾才能取得完美的效果。

诺丁汉大学建筑与建筑环境系副教授兼建筑师 Sergio Altomonte 在《独立报》上发表文章探讨图书馆的新设计时指出,建筑物和城市空间应首先围绕住户进行设计。如今,建筑作为触发身体、生理和心理健康的重要因素,已成为意义重大的议题。室内设计的终极目标就是让人们觉得舒适,在这一不变的前提下,我们要努力让居住环境充满着健康和幸福的功能性。

二、人机工程学与环境行为

(一)人机工程学的起源和发展

在现代的众多设计中,人机工程学已成为设计师自觉考虑的因素。然而,早在数千年前,人类制造的诸多工具用品似乎早已反映了人机工程学的应用。《考工记》中记载:"凡兵,句兵欲无弹,刺兵欲无蜎。是故句兵椁,刺兵抟。"反映了器物要和使用者、使用目的相适宜,是一种属于人们自发的思维倾向、本能的行为方式。

而"车舟人为车舟"篇强调制作合度的车舟(即曲辕)的要求:"辀欲颀无折,经而不绝,进则与马谋,退则与人谋,终日驰骋,左不楗行数千里马不契需,终岁御,衣衽不敝,此唯辀之和也。"意思是说车舟(图3-2)的设计应顺木理弯曲适度而无折痕,这样才能配合人、马进退自如,马儿行驶数千里也不会伤蹄怯行,御者终年驾车驰骋也不会磨破衣裳。这则两千多年前的设计标准已体现出现代社会人机工程学的设计主张,反映出我国古代社会充满人文关怀的"人性化"设计风格。

图 3-2　车舟图

在古代家具的设计上，唐朝以前人们多采用席地而坐的生活方式，"席"的功能等同于我们现在常用的各种椅类家具。席地而坐时，人的视线和身体所及的高度也决定了漆案、漆几等家具的高度和比例尺度是否合理。例如，常见的漆案案面高度多为 10～20 厘米，漆几的高度一般为 30～40 厘米，可适宜于人们"隐几而坐"（图 3-3）。食案仅有 2 厘米高的短足，便于人们托盘送食，也利于放置；案面四沿还有 2～3 厘米高起的拦水线，防止食物汤水外溢。

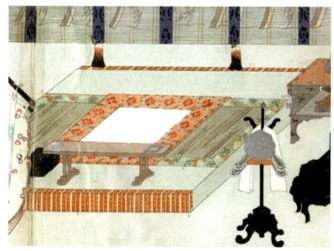 

图 3-3　室内家具

直至公元 10 世纪，垂足而坐的生活方式逐渐形成，椅、木凳以及高型桌、台、案等家具开始被人们广泛制作、使用，宋、元时期垂足而坐家具基本已占主导地位。而在中国古典家具最具代表性的明式家具中，人机工程学早已被悄然植入。

善于观察的工匠们发现，人体脊柱并非完全笔直，而是呈曲线形，而且人们在放松休息状态时，背部习惯往后倾靠，让腰部感觉更舒适。明代匠师根据这一特点使椅背有近于 100°的倾角，同时，一些椅背还被制作成几乎与人体脊柱形状相吻合的曲线形。如此一来，人们在座椅上便可享受最大程度的舒服与健康。

除了从人体测量、生理结构方面进行考量，中国古代家具的设计与制作也会从人们的心理与情感诉求角度出发，通过家具上装饰图案、色彩、材料的搭配，让使用者产生共鸣。因此测量学、生理学、心理学早已被古代的工匠们充分运用到家具设计之中。（图 3-4）

现代人机工程学学科的建立经过了长时间的发展和演进，我们可以将这个过程大致分成三个阶段。

图 3-4　古代家具

1．工效的苛求——经验人机工程学时期

工业革命之后,机器生产逐步代替了手工业,人们的工作形式和内容发生了变化,为了提高工作效率,有人进行了一系列的研究,这些研究主要集中在运用统计学方法对现象经验的总结上面。这一时期的研究虽然也包含改善工作条件及减轻作业疲劳,但其核心是最大限度地提高人的操作效率,在人机关系方面要求人适应机器,即以机器为中心进行设计,其主要的目的是选拔与培训操作人员。可以说这一时期的人机研究和现代人机工程学是南辕北辙的,存在对立。图 3-5 所示为 1911 年吉尔伯勒斯（F. B.Gilreth）的砌砖作业试验。

图 3-5　1911 年吉尔伯勒斯（F. B.Gilreth）的砌砖作业试验

2．战争的驱动——科学人机工程学时期

20 世纪两次世界大战期间,工业自动化带来的问题和战争中一些复杂新式武器带来的意外事故,使得人们开始关注人的特征来改进操作方式、显示方法、位置顺序排布等,从而大大提高了效率,减少了操作失误和事故。人们加深了器物设计必须与人的解剖学、生理学、心理学条件相适应的认识,并产生了新的词汇 Ergonomics（工效学),至此人机工程学科的思想完成了一次重大的转变:从"以机器为中心"转化为"以人为中心",强调机器的设计应适合人的因素。这也标志着现代意义上的人机工程学的诞生。

3. 应用的拓展——现代人机工程学时期

20世纪60—80年代是人机工程学迅速发展的时期,其研究和实践也从实验室和军事领域扩大到民用产品中,如汽车、家电、医疗器械等。而且随着人机工程学的发展,人们开始意识到过于强调"机器适应于人",也会带来很多的负面影响,如体力和智力的退化。与此同时,信息论、系统论、控制论等理论的影响和渗入也促进了人机工程学的进一步发展,人机工程学开始关注整个人机系统,寻求"人—机—环境"三者之间的平衡点和系统的最优化。至此人机工程学已经趋于成熟,形成了一个比较完整的学科体系。

如今随着我国科学技术的发展和对外开放脚步的加快,人们逐渐认识到人机工程学研究对国民经济发展的重要性。目前,该学科的研究和应用已扩展到工农业、交通运输、医疗卫生以及教育系统等领域和部门,由此也促进了本学科与工程技术和相关学科的交叉渗透,使人机工程学成为国内一门新兴的边缘学科。

现在,我国大约有300所高校开设了工业设计专业或相关课程,同时,更多的相关专业的师生也迫切需要了解人机工程学方面的知识,人机工程学的研究与教学也越来越得到高校的重视。如图3-6所示是我国自主研发的和谐号列车,如图3-7所示是我国自主研发的地铁。

图3-6 和谐号列车

图3-7 我国自主研发的地铁

(二)人机工程学与室内设计

人们在生活和工作中使用的各种设施(如椅子、桌子、工作场所等)与人们身体的基本特征和尺度有关。人的舒适感的获得、身体的健康和工作的效能等在很大程度上都与这些设施和人体配合得好不好有关。影响空间大小、形状的因素相当多,但是最主要的因素还是人体的尺寸、人体的活动范围以及家具设备的数量和尺寸。因此,在确定空间范围时,首先要准确测定出不同性别的成年人与儿童在立、坐、卧时的平均尺寸;还要测定出人们在使用各种家具、设备和从事各种活动时所需空间范围的体积与高度;每个人需要多大的活动面积;空间内有哪些家具设备以及这些家具和设备需要占用多少面积等。还必须搞清使用这个空间的人数,一旦确定了空间内的总人数,就能定出空间的面积与高度(图3-8和图3-9)。

1. 确定室内环境适应人体的最佳参数的依据

人机工程学将研究对象概括为各种人—机—环境系统,从整体出发研究系统内各要素间的交互作用,人是其中的关键因素。人体基础数据主要有下列三个方面,即人体构造尺寸、人体尺度以及人体的动作域等的相关数据。

第三章　室内空间设计基础

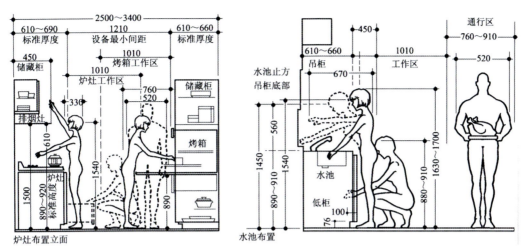

🔴 图 3-8　人体的活动范围之一（单位：mm）

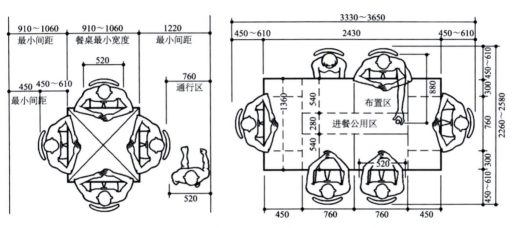

🔴 图 3-9　人体的活动范围之二（单位：mm）

人体构造尺寸往往是指静态的人体尺寸，它是在人体处于固定的标准状态下测量出来的。可以测量许多不同的标准状态和不同部位，如手臂长度、腿长度、坐高等（图 3-10）。人体构造尺寸较为简单，它对于与人体关系密切的物体的设计有较大影响，如家具、服装和手动工具等，主要为人体各种装具设备提供数据。

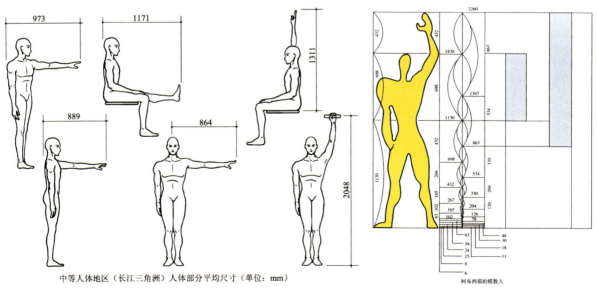

中等人体地区（长江三角洲）人体部分平均尺寸（单位：mm）　　　　　柯布西耶的模数人

🔴 图 3-10　人体构造

79

勒·柯布西耶在《模度—合乎人体比例的、通用与建筑和机械的和谐尺度》一书中,发表了他对人体尺度和自然之间的数字关系的研究成果,也是对维特鲁威、达·芬奇在数世纪之前展开的相关研究的延续。

2. 人体尺度

人体尺度是人机工程学研究的最基本的数据之一。它主要以人体构造的基本尺寸（又称为人体结构尺寸,主要是指人体的静态尺寸,如身高、坐高、肩宽、臀宽、手臂长度等）为依据,通过研究人体对环境中各种物理、化学因素的反应和适应力,分析环境因素对人的生理、心理以及工作效率的影响程序,确定人在生活、生产和活动中所处的各种环境的舒适范围和安全限度,是所进行的系统数据比较与分析结果的反映。人体尺度因国家、地域、民族、生活习惯等的不同而存在较大的差异。其差异的存在主要在以下几方面。

（1）种族差异。不同国家、不同种族因地理环境、生活习惯、遗传特质的不同,人体尺寸的差异是十分明显的,从越南人的160.5cm到比利时人的179.9cm,身高差距竟达19.4cm（图3-11）。

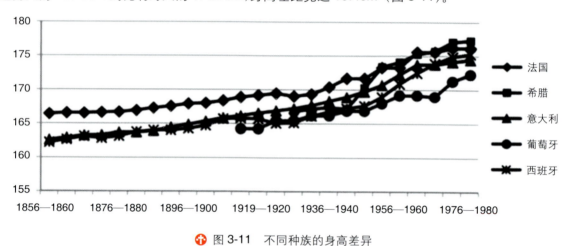

🔷 图3-11　不同种族的身高差异

（2）年龄差异。人体尺寸随年龄的增长而缩减,而体重、宽度及围长的尺寸却随年龄的增长而增加。一般来说,青年人比老年人身高高一些,老年人比青年人体重大一些。在进行某项设计时,必须经常判断人体尺寸与年龄的关系,所用尺寸是否适用于不同的年龄。对工作空间的设计,应尽量使其适应于20～65岁的人。

关于儿童的人体尺寸的数据历来很少,而这些资料对于设计儿童用具、幼儿园、学校是非常重要的,考虑到安全和舒适的因素则更是如此。儿童的意外伤亡与设计不当有一定的关系。例如,由于儿童的头部比较大,所以一般只要头部能钻过的间隔身体就可以过去。按此考虑,一般公共场所栏杆的间距应必须能够阻止儿童头部的钻过。5岁幼儿头部的最小宽度约为14cm,如果以它为平均值,为了使大部分儿童的头部不能钻过,设计时还要窄一些,最多不超过11cm（图3-12）。

另一方面,老年人体模型是老年人活动空间尺度的基本设计依据。据老年医学研究,人在28～30岁时身高最高,35～40岁之后逐渐出现衰减。一般老年人在70岁时身高会比年轻时降低2.5%～3%,女性的缩减有时最大可达6%。老年人体模型的基本尺寸及可操作空间如图3-13所示。设计人员在考虑老年人的使用时,务必对上述特征给予充分的考虑。家庭用具的设计,首先应当考虑到老年人的要求。因为家庭用具首先需要考虑的是使用方便,一般不必讲究工作效率,在使用方便方面,则年轻人可以迁就老年人一些。所以家庭用具（尤其是厨房用具、橱柜和卫生设备）的设计要照顾老年人的使用是很重要的。

（3）性别差异。3～10岁这一年龄阶段,男女的差别极小,同一数值对两性均适用。两性身体尺寸的明显差别从10岁开始。一般女性的身高比男性低10cm左右,但设计时不能像以前一样,把女性按照较矮的男性进行处理。调查表明,女性与身高相同的男性相比,身体比例是不同的。女性臀部较宽,肩窄,躯干较男性要长,四肢较短。在设计中应注意这种差别。根据经验,在腿的长度起作用的地方,考虑女性的尺寸非常重要(图3-14和图3-15)。

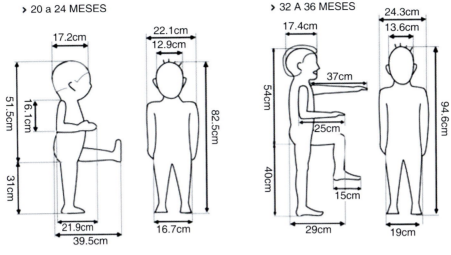

图3-12 儿童活动范围图

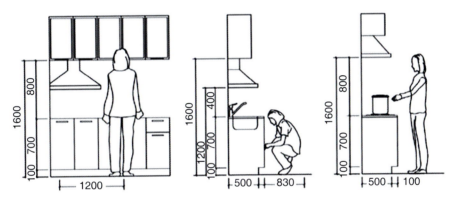

图3-13 可直立老年人适用的橱柜尺寸(单位:mm)

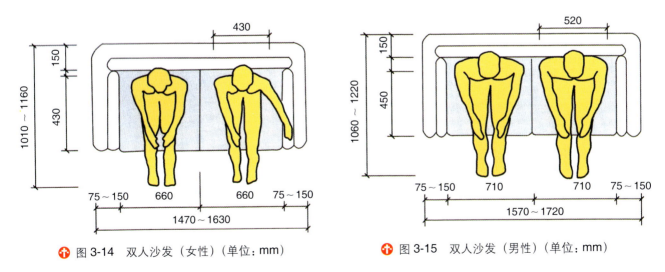

图3-14 双人沙发(女性)(单位:mm)　　图3-15 双人沙发(男性)(单位:mm)

(4)残疾人。在各个国家里,残疾人都占一定比例,全世界的残疾人约有4亿。

① 乘轮椅患者。因为存在着患者类型不同、程度不一样(有四肢瘫痪或部分肢体瘫痪)、肌肉机能障碍程度和由于乘轮椅对四肢的活动带来的影响等种种因素,所以设计时必须全面考虑。重要的是,决定适当的、手臂能

够得到的距离、各种间距及其他一些尺寸,这要将人和轮椅一并考虑,因此对轮椅本身应有一些相关了解。应指出的是,大多数乘轮椅的人活动时并不能保持身体挺直,相应地,人体各部分也不是水平或垂直的(图3-16)。

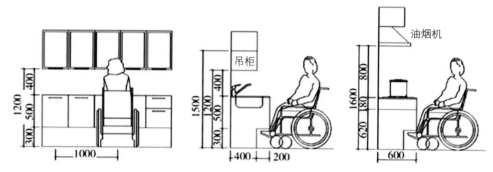

图3-16　使用轮椅老年人适用的橱柜尺寸(单位:mm)

② 可以走动的残疾人。对于可以走动的残疾人,必须考虑他们是通过拐杖、手杖、助步车还是支架帮助行走的。由于这些工具是病人需要的一部分,所以为了做好设计,除应知道一些人体测量数据之外,还应把这些工具当作一个整体进行考虑(图3-17)。

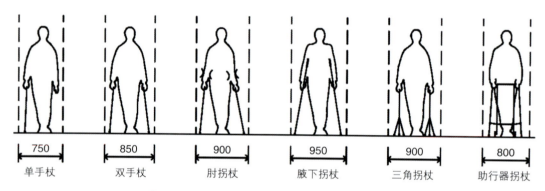

图3-17　残疾人活动范围示意图(单位:mm)

另外,残疾人所用工具的设计有一个专门的学科在进行研究,被称为无障碍设计,在国外已经形成较为系统的体系。

(5) 其他差异。其他差异包括：像地域性的差异,如寒冷地区的人平均身高均高于热带地区的人,平原地区的人平均身高高于山区;还有职业差异,如篮球运动员与普通人身高有很大差异;社会的发达程度也是一种重要的差别,发达程度高,营养好,平均身高就高。了解了这些差异,在设计中就应充分注意它对设计中的各种问题的影响及影响的程度,并且要注意手中数据的特点,在设计中加以修正,不可盲目地采用未经细致分析的数据。

(6) 人体动作域。人的动作空间主要分为两类：一是人体处于静态时的肢体的动作空间,二是人体处于动态时的全身的运动空间。现代人类的需求,随着社会生活水平的提高和科学技术的进步,人们对生活环境在舒适性、效率性和安全方便等方面有了更高的要求,技术和科学的进步也要求室内设计对解决这一系列的问题有更严谨和科学的方法。确定室内用具的尺寸适合人使用的依据就是人体的尺度,这就要求室内设计师对"人"有一个科学、全面的了解,人机工程学正是这样的一门关于"人"的学科。

人体尺寸无论是结构尺寸还是功能尺寸,皆是相对静止的某一方向的尺寸,而人们在实际生活中是处于一种运动的状态下,并且总是处在空间的一定范围内。在布置人的工作作业环境时,需要了解这一活动范围,也就是肢体的活动范围。它是由肢体转动的角度和肢体的长度构成的。在工作和生活活动中,人们的肢体围绕着躯体做各种动作,由肢体的活动所划出的限定范围即是肢体的活动空间,实际上它就是人在某种姿态下肢体所能触及的空间范围。因为这一概念常常被用来解决人们在工作中的各种作业环境的问题,所以也被称为"作业域"。由于肢体的动作空间是立体的,但作业域中的人是保持着某种静态的姿势。图3-18和图3-19的"作业域"是人的肢体究竟可以伸展到何种程度的范围,可是在现实生活中人们并非总是保持一种姿势不变,总在变换着姿态,并且人体本身也随着活动的需要而移动位置,这种姿势的变换和人体移动所占用的空间即构成了人体动作空间。人体动作空间大于作业域,人体动作空间的研究对于工业生产、军事设施中的人的作业活动空间的确很有用。在室内设计中,它的作用更是显而易见的。

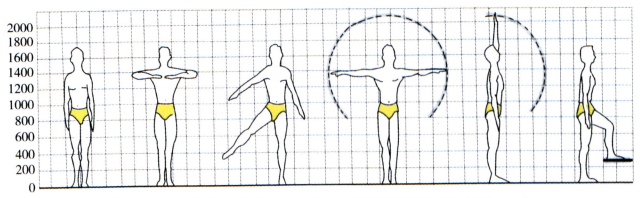

图3-18 人体基本动作尺度——立姿、上楼动作尺度及活动空间（单位:mm）

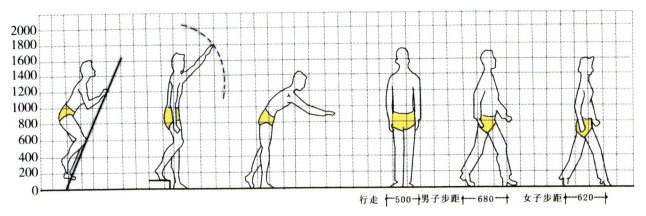

图3-19 人体基本动作尺度——爬梯、下楼、行走动作尺度及活动空间（单位:mm）

（三）环境行为心理学与室内设计

人的空间使用是构成其行为心理变化的主要因素。研究人在空间中活动的行为心理对室内设计具有重要意义。而环境行为心理学正是研究环境的各种因素如何影响人的。噪声作用、空间使用、人际交往的密度、建筑与城市的设计,都是环境作用于人——从而对人的行为心理产生影响的本质问题。

1. 空间与人的行为

对于人的活动而言,室内是一个包容的空间,人在这个包容的空间中活动,其行为必定会受到某种限定。这种限定在某种程度上限制了人的活动自由,从而产生一系列矛盾与问题。这是一个社会心理学在环境行为心理研究方面的重要问题,也是室内设计专业涉及环境行为心理的主要方面。

在室内空间所处的位置总是与特定的功能需求发生关系,如果功能需求不强,这种位置又总是与室内空间中的物质实体发生联系,一根立柱、一块挡板往往像磁石一样吸引人们靠近。较大的报告厅如果不是什么精彩的表演,而是枯燥的例行会议,总是角落的地方先坐满人,接着从后排两侧向中间包抄,直至最后填满所有座位。空间中的人总是时刻调整自己与别人之间的距离,在调整位置的同时又总是选择不同的物体作为个人空间的心理依靠。室内空间中人的行为以及所导致的心理活动主要表现于不同尺度空间中人与人的交往距离。

人的行为特征是由自身的动作、特定的生活习惯以及人群的集合方式所构成,同是一个开门的动作,有人习惯于推,有人则习惯于拉。为了避免出现失误,我们经常可以看到门把手旁边贴着"推"与"拉"的标识。圆形的门把手,有人习惯于顺时针旋转,有人则习惯于逆时针旋转。参观展览或逛商店,有人习惯于右行,有人则习惯于左行。所有的这些动作与习惯一旦与空间发生联系,就必然对设计产生重大的影响。研究空间与人的行为之间的关系,有意识地利用人的行为心理特征进行室内设计,才能有相对的设计发展深度。

图 3-20 显示了餐厅内部人体活动尺寸。

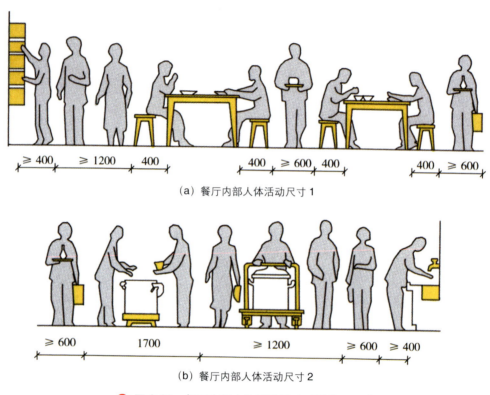

(a)餐厅内部人体活动尺寸1

(b)餐厅内部人体活动尺寸2

图 3-20 餐厅内部人体活动尺寸(单位:mm)

2．行为心理与设计

室内相对于人的空间包容性成为设计中行为心理制约的重要因素。界面围合所形成的空间氛围通过形态、尺度、比例、光色传达的信息,构成了设计所要利用的空间语言。这种空间语言包含着两种含义:一种是室内空间的物化实体所具有的,另一种则与人的行为心理有关。这种空间语言是人类利用空间表达某种思想信息的一门社会语言,属于无声语言范畴。

这种无声语言如同物理学中场的概念。人体就像是一个电磁场的发散源,每个人都被一个无形的气泡包裹,与身体愈近,场的效应就愈强,由此形成了个人空间的特有领域,由这种领域感产生的空间语言就成为制约人的行为规范的心理效应。根据人类学家艾德华·T. 霍尔(Edward T. Hall)的研究成果,我们得出这样一个结论,即我们每个人都被一个看不见的个人空间气泡所包裹。当我们的"气泡"与他人的"气泡"相遇重叠时,就会尽量避免由于这种重叠所产生的不舒适,即我们在进行社会交往时,总是随时调整自己与他人所希望保持的间距。

利用人的这种行为特征心理进行合理的室内空间环境设计,就成为设计中需要深入探讨的课题。

涉及行为心理的设计问题主要归结为距离感、围护感、光色感。一般来讲这三种感觉的产生,在室内设计的相关专业技术设计中都有相对应的物质界定:距离感对应于室内空间平面使用功能的尺度比例选择;围护感对应于室内空间竖向界面的形式;光色感对应于采光照明的类型样式。设计者一般只是注意到技术的或是审美的解决要素,而往往忽略人的行为心理要素。从严格意义上讲,只有深入研究人的行为心理层面,并最终实施于特定的空间,才是完整的室内设计。

(1) 距离感。距离感是个人空间领域自我保护的尺度界定,因此人们总是根据亲疏程度的不同调整交往的间距,这种距离感就是一个行为心理的空间概念问题(图3-21)。

🔶 图 3-21 不同的空间距离给人不同的心理感受

室内本身就是空间围合的强制限定,人在室内的活动就远不如室外那么自由。尤其是公共小空间所产生的人贴人的拥挤现象,实际上已经冲破了心理空间最后的防线,像电梯或车厢之类的空间就成为此类现象产生的典型场所。人们在这种空间通常总是想方设法转移自己的注意力,电梯中注视着楼层号码的闪动,车厢里尽可能找可依靠的角落或将视线转向窗外的街景,以维持自身领域的心理平衡。

距离尺度界定是一个室内设计的敏感问题,平面分区的位置、家具形制的大小都与人的行为心理相关。我们注意到三人沙发往往只是两端坐人而中间空出,所反映的就是这样一个问题。在每一个特定的室内场所,空间的距离感都是人心理尺度的反映。空间不一定越大越好,一旦超出了人体感应场的范围,同样会感到很不舒服。总之,距离感是室内设计中涉及行为心理最重要的方面。

(2) 围护感。围护感是个人空间领域感的物化外延。这种渴望围护的感觉是人与生俱来的天性,最初的生存空间来自母体的围护,继而转换为襁褓的围护、摇篮的围护、栅栏童床的围护,乃至学龄前的儿童仍然喜欢钻洞的行为。而在成人后这种围护感的获得主要来自于外界物品,其围护的依赖心理主要表现在纺织品的利用方面,因为与人体接触最直接的纺织成品是服装,内衣甚至被称为第二皮肤。这是作为成人围护感获得的第一层次。但是由于服装完全与人吻合,适合于人的所有体位活动方式,在人的心理感觉上服装同属于内在的自我,完全是自我形象的物化体现。因此与人有着一定距离的家具包括室内界面与装饰织物就成为外在围护感获得的主要方面,虽然它处于第二层次。

我们注意到在公共餐厅用餐,大多数人总是愿意选择靠墙或靠窗的位置。会场中也总是先坐角落再靠墙边。办公桌的习惯摆放方式总是与墙形成围合状的 90°夹角,背对门设置的办公桌肯定是最不受欢迎的。所有这些现象都说明围护感是设计中重要的行为心理因素。在通道与功能空间、隔断与家具尺度以及织物样式和陈设物品摆放的选择上都要予以充分的注意(图 3-22)。

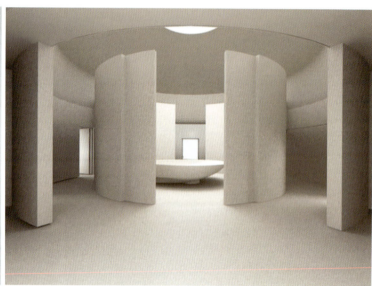

图 3-22　围合空间

三、室内空间的组织与原则

(一)室内空间的概念、特性与功能

1. 室内空间的概念

《道德经》中说:"三十辐共一毂,当其无,有车之用。埏埴以为器,当其无,有器之用。凿户牖以为室,当其无,有室之用。故有之以为利,无之以为用。"这句话的意思是:用三十根辐条制造的一个车轮,当中空的地方可以用来装车轴,这样才有了车的作用。用泥土烧成的器皿,当中是空的,所以才能放东西,这样才有了器皿的作用。开窗户造房子,当中是空的,所以可以放东西和住人,这样才有了房屋的作用。因此"有"带给人们便利,"无"才是最大的作用。"有"和"无"看出了"利"和"用"的因果关系。老子的本意讲的是虚实、有无的关系,但恰好阐述了空间的实质,为我们研究内部空间提供了有益的启示。这可能是中国历史上乃至世界上最早的关于"室内空间"的论述。

就建筑物而言,空间一般是指由结构和界面所限定围合的供人们活动、生活、工作的空的部分。而室内空间具有顶界面是其最大的特点。对于一个六面体的房间来说,很容易区分室内空间和室外空间,但有时往往可以表现出多种多样的内外空间关系,确实难以在性质上加以区别。但现实的生活经验告诉人们:有无顶界面是区分室内空间与室外空间的关键因素。

人对空间的需要是一个从低级到高级,从满足生活上的需要到满足精神生活需求的发展过程。人们的需要随着社会的发展会出现不同的变化,空间随着时间的变化也会相应发生改变,这是一个相互影响、相互联系的动态过程。因此,室内空间的内涵也不是一成不变的,而是在不断补充、创新和完善。

进入近现代后,空间观有了新的发展,室内空间已经突破了六面体的概念。西班牙巴塞罗那世界博览会的德国馆(图 3-23)没有被简单地划分成传统的六面体式的房间,而采用平滑的隔板,交错组合,使空间形成一个相互交融、自由流动、界限模糊的组合体。

图 3-23　巴塞罗那世界博览会的德国馆室内空间

2．室内空间的特性与功能

(1) 室内空间的特性受空间形状、尺度大小、空间的分隔与联系、空间组合形式、空间造型等方面的影响(图 3-24)。

图 3-24　室内空间造型图

（2）室内空间由点、线、面、体占据，扩展或围合而成，具有形状、色彩、材质等视觉因素，以及位置、方向、重心等关系要素，尤其还具有通风、采光、隔声、保暖等使用方面的物理环境要求。这些要素直接影响室内空间的形状与造型（图3-25）。

图 3-25　室内空间造型图—点、线、面、体形成的室内空间

（3）室内空间造型决定着空间性格，而空间造型往往又由功能的具体要求来体现，空间的性格是功能的自然流露（图3-26）。

🔶 图 3-26 室内空间的造型

（4）空间的功能使用要求也制约着室内空间的尺度，如过大的居室难以营造亲切、温馨的气氛；而过低过小的公共空间会使人感到压抑与局限，也影响使用、交通、疏散等。因此，在设计时要考虑适合人们生理与心理需要的合理的比例与尺度（图 3-27）。

🔶 图 3-27 不同尺度的空间给人不同的心理感受

（5）空间的尺度感不只在空间大小上得到体现。同一单位面积的空间，许多细部处理的不同也会产生不同的尺度感。如室内构件大小，空间的色彩、图案，门窗开洞的形状与大小、位置，以及房间家具、陈设的大小，光线的强弱，材料表面的肌理纹路等，都会影响空间的尺度（图 3-28）。

图 3-28　同一空间中不同材质的造型

（二）室内空间的类型

1. 结构空间

结构空间是一种通过对建筑构件进行暴露来表现结构美感的空间类型。其主要特点是现代感、科技感较强，整体空间效果较质朴（图 3-29）。

图 3-29　结构空间

2. 开敞空间

开敞空间的开敞程度取决于有无侧界面、侧界面的围合程度、开洞的大小及开合的控制等。一个房间四壁严实，就会使人感到封闭、堵塞；而四面临空，则会使人感到开敞、明快。由此可见，空间的封闭或开敞会在很大程度上影响人的精神状态。开敞空间是外向性的，限定度和私密性较小，强调与周围环境的交流、渗透，讲究对景、借景，与大自然或周围空间的融合。与同样面积的封闭空间相比要显得开敞些。心理感觉表现为开朗、活跃，性格是接纳、包容性的（图 3-30）。

图 3-30　开敞空间

开敞空间可分为以下两种类型。

（1）外开敞式空间。这类空间主要是针对内庭空间而言的，目的是把室外因素引入室内视觉范围，使内外空间融为一体，颇具自然气息（图 3-31）。

（2）内开敞式空间。这类空间的特点是从空间的内部抽空形成内庭院（图 3-32），然后使内庭院的空间与四周的空间相互渗透（这个内庭院可以根据功能要求有玻璃顶，也可以不带玻璃顶）。例如，通过弧形或其他造型的门洞、墙体的镂空处理等，都可以将两个截然不同的内外环境联系起来，达到活跃空间的目的。

图 3-31　外开敞空间

图 3-32　内开敞空间

3. 封闭空间

所谓封闭空间，是指用限定性较高的围护实体包围起来的，无论是视觉、听觉，还是小气候等，都具有很强封闭隔离性的空间（图 3-33）。私密性、区域性、安全性是此类空间的三大特点。从心理上看，这种空间常给人严肃、安静、沉闷的感觉。这种空间与周围环境的流动性和渗透性都较差，随着围护实体限定性的降低，封闭性也会相应减弱，而与周围环境的渗透性则相对增加。但与其他室内空间相比，仍然是以封闭为特点。有时在不影响特定的封闭功能要求的原则下，为了打破封闭的沉闷感，经常采用镜面、人造景窗及灯光造型处理等来扩大空间感和增加空间的层次。

🔸 图 3-33　封闭空间

4．动态空间

动态空间引导人们从"动"的角度观察周围事物，把人们带到一个由三维空间和时间相结合的"第四空间"。动态空间一般分为两种：一种是包含动态设计要素所构成的空间，即客观动态空间；另一种是建筑本身的空间序列引导人在空间的流动以及空间形象的变化所引起的不同的感受，这种随着人的运动而改变的空间称为主观动态空间。像流动空间、共享空间、交错空间及不定空间等，基本上都可以算是动态空间的某种具体体现（图 3-34）。

🔸 图 3-34　动态空间

动态空间的特征如下。

（1）利用机械化、电气化、自动化的设施，如电梯、自动扶梯、旋转地面、可调节的围护面、活动雕塑以及各种信息展示等，形成丰富的动势。

（2）采用具有动态韵律的线条,组织引入流动的空间序列,产生一种很强的导向作用,方向感比较明确;同时空间组织也较灵活,使人的活动路线不是单向而是多向的。

（3）利用自然景观,如瀑布、花木、喷泉、阳光等造成强烈的自然动态效果。

（4）利用视觉对比强烈的平面图案和具有动态韵律的线型。

（5）借助声光的变幻给人以动感音响效果,已被普遍地应用于室内设计中,其中包括优美的音乐、小鸟的啼鸣、泉水和瀑布的响声等。这些音响的运用,其目的在于尽快消除人们的疲劳,使空间充满诗一般的温馨意境。

（6）通过楼梯、陈设、家具等,可使人时停、时动、时静,节奏感便凸显出来了。

（7）利用匾额、楹联等启发人们对历史、典故的动态联想。

5．静态空间

静态空间相对于动态空间来说形式相对稳定,采用对称和垂直水平界面进行空间的设计、处理、布局。它形成的空间往往比较闭塞,构成的方式也比较单调。在静态空间中,人们的视觉会集中注意到一个方向或者一个位置,静态空间倘若有意进行独特的某点设计,能够对人形成较强的吸引力。空间的形成往往给人以清晰、明确的感觉。静态空间的限定度较强,趋于封闭空间,多体现为末端的房间,这类房间有一定的私密性。多为四面对称或者左右对称的方式,还采用向心、离心的形式,较少有其他的组织形式,能够达到一种静态的平衡与协调。在静态空间中色彩的处理方式往往比较淡雅和谐,灯光的光线比较柔和,装饰常采用较简洁的形式（图3-35）。

图 3-35 静态空间

静态空间常见的特征如下。

（1）空间的限定度较强,与周围环境联系较少,趋于封闭型。

（2）多为对称空间,可左右对称,亦可四面对称,除了向心、离心以外,很少有其他的空间倾向,从而达到一种静态的平衡。

(3) 多为尽端空间,空间序列到此结束,此类位置的空间私密性较强。

(4) 空间及陈设的比例、尺度相对均衡、协调,无大起大落之感。

(5) 空间的色调淡雅和谐,光线柔和,装饰简洁。

(6) 人在空间中视觉转移相对平和,没有强制性地过分刺激引导视线的因素存在,因此静态空间总给人以恬静、稳重之感。

6. 流动空间

流动空间是建筑大师密斯·凡·德·罗提出的一种空间布局理念,强调古典式的均衡、极端的简洁以及精致的细节构造,旨在避免空间成为一种消极静止的存在,而是变为一种生动的力量。流动空间在空间设计中表现为追求连续的运动空间,从而创造一种流动的、贯通的、隔而不离的整体空间效果(图3-36)。

图 3-36　流动空间

7. 虚拟空间

虚拟空间是一种既无明显界面,又有一定范围的建筑空间。它的范围没有十分完整的隔离形态,也缺乏较强的限定度,只是依靠联想来划分空间,是一种可以简化装修而获得理想空间感的空间,所以又称"心理空间",这是一种可以简化装修而获得理想空间感的空间。它往往处于母空间中,与母空间流通而又具有一定的独立性和领域感。

虚拟空间可以借助列柱、隔断、隔墙、家具、陈设、绿化、水体、照明、色彩、材质及结构构件等因素形成(图3-37)。这些因素往往也会形成室内空间中的重点装饰,为空间增色。有时还通过调整各种围护面的凹凸、悬空楼梯及改变标高等手段,同样可以达到构成虚拟空间的效果。

8. 共享空间

共享空间的产生主要为了适应各种社交的需要,是综合性、多用途的灵活空间,倾向把室外空间特征引入室内,含有多种空间要素和设施。

共享空间的特点是大中有小、小中有大,外中有内、内中有外,相互穿插交错,富有流动性。通透的空间充分满足了人看人的心理需求。因此共享空间具有空间界限的某种不定性(图3-38)。

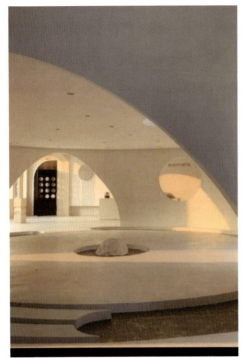

图 3-37 虚拟空间

图 3-38 共享空间

9. 母子空间

母子空间是对空间的二次限定,是在原空间中用实体性或象征性的手法限定出小空间,采用分隔与开敞相结合的方式,常见于许多空间的组织与安排(图3-39)。人们在一个大的空间一起工作、交流或进行其他活动的时候,往往会相互影响,降低工作效率,同时也缺乏一定的私密性,在空间的处理上选择母子空间是为了避免上述缺点。

母子空间必然有一个空间为母空间,一个或者多个空间为子空间。母空间在空间的体量及功能上均占主导地位,子空间相对于母空间有所差别。在处理方式上和形式特点上,母子空间通过将大空间划分成不同的小型区域,增强了人们的亲切感和私密感,能够更好地满足人们的心理需要。母子空间具有一定的领域感和私密性,相对于母空间，多个子空间可以彼此独立也可以相互联通，满足不同需求的群体或个体的使用要求和心理需要。

10．不定空间

不定空间是室内室外风格不同，充满了复杂与矛盾的中性空间，主要表现在围透之间、公共活动与个人活动之间、自然与人工之间、室内与室外之间、形状的交错叠盖及增加和削减之间、可测与变幻莫测之间、正常与反常之间等。

对于不定空间，人们在注意选择的情况下，接受那些被自己当时的心境和物质需要所认可的方面，使空间形式与人的感知相吻合，使空间的功能更加深化，从而能更充分地体现现代社会生活的时尚（图3-40）。

图 3-39　母子空间

图 3-40　不定空间

11．交错空间

交错空间是一种具有流动效果、相互渗透、穿插交错的空间类型。其主要特点是空间层次变化较大，节奏感和韵律感较强，有活力，有趣味。

在交错空间中，往往也形成不同空间之间的交融渗透，在一定程度上带有流动空间、不定空间和共享空间的某些特征。华裔美籍建筑师贝聿铭设计的华盛顿国家艺术馆东馆，其中央大厅的空间处理就颇具匠心，通过巧妙地设置和利用夹层、廊桥而使空间互相穿插、渗透，大大丰富了空间层次的变化。当人们仰视时，视线穿过一系列廊桥、楼梯和挑台而直达顶部四面锥体的空间网架天窗。阳光从那里直泻而下，使整个大厅显得活泼、轻松而又富有人性魅力（图3-41）。

图 3-41　交错空间

12．凹入空间

凹入空间（图3-42）是在室内某一墙面或局部角落凹入形成的空间，特别在住宅建筑中运用得比较普遍。因为凹入空间通常只有一面开敞，因此受到的干扰影响较少，会形成一种比较清静的氛围。凹入空间会给人带来雅静、安全、亲密的心理暗示，它是空间中私密性较高的一种空间形式。根据凹进的深浅和面积的大小不同，可以设计为多用途的功能，比如，在住宅中利用凹入空间布置床位，可营造出一个安静私密的理想休息空间；在饭店等公共空间中，利用凹入空间可避免人流穿越的繁杂与干扰，营造一个良好的休息空间；在餐厅、咖啡室等室内空间,可利用凹室布置雅座,尽其所长地发挥其具有的功能;在室内长廊式的建筑,如办公楼、宿舍等地方,可适当间隔布置凹室,作为休息等候区域场所,可避免空间设计给人过于单一的感觉。

图 3-42　凹入空间

13．外凸空间

如果凹入空间的垂直围护面是外墙,并且有较大的窗洞,这便是外凸空间(图 3-43)。这种空间是室内凸向室外的部分,可与室外景观有机地融为一体,视野也较为开阔。

图 3-43　外凸空间

14．下沉空间与上沉空间

下沉空间是室内空间局部下沉,限定出一个范围比较明确的空间。这种空间底面标高比周围低,有较强的围护感,空间性格是内向的(图 3-44)。

与下沉空间相反，上沉空间是室内地面局部抬高，限定出一个范围比较明确的空间。这种空间由于地面上抬，其性格是外向的，具有收纳性和展示性（图3-45）。

图 3-44　下沉空间

图 3-45　上沉空间

15．悬浮空间

悬浮空间在垂直方向的划分上采用悬吊结构时，可在视觉效果上保持通透，依赖吊杆悬吊，有一种新鲜有趣的悬浮之感，底层空间的利用也更自由和灵活（图3-46）。

图 3-46　悬浮空间

（三）室内空间的组合方式

大多数建筑都是由若干个空间组成的，因而出现了如何把它们组织在一起的问题。多个空间的组合涉及空间的衔接、过渡、对比、统一等，甚至要考虑整个空间要构成一个完整的序列。一个好的方案总是根据当时、当地的环境，结合建筑功能要求进行整体筹划，分析主次矛盾，抓住问题的关键，内外兼顾，从单个空间的设计到群体空间的序列组织，由外到内，由内到外，反复推敲，使室内空间组织达到科学性、经济性、艺术性、理性与感性的完美结合，从而做出有特色、有个性的空间组合。空间利用的合理性，不仅反映在对内部空间的巧妙组织上，而且反映在空间的大小、形状的变化，整体和局部之间的有机联系上，在功能和美学上达到协调和统一。这就需要对室内空间的组织进行研究和探讨。

1．包容性空间

一个大的封闭空间包含小空间，这两个区域形成了一种视觉上的连贯性。但空间的大小存在着很大的差异，大空间一定要在尺寸上占据一定的优势，而小空间的面积越大，它的周边空间就会给人强烈的压迫感，因此要适当地改变小空间的形状、方位,可以增强小空间的视觉地位,从而营造出充满了动感特征的空间氛围。这种以大带小的方式又称为"母子空间",能够更好地表现出群体与个体之间和谐共存的空间形态(图3-47)。

2．穿插式空间

穿插式空间是一定范围内的两个空间相互叠加形成的公共区域,且在不破坏原来空间完整性的基础上形成的一个新的有机的整体(图3-48)。

↑ 图3-47　包容性空间

↑ 图3-48　穿插式空间

3．对接式空间

对接式空间是指多个不同形态的空间根据面的形状以对接形式进行组合,也可进行实体的连续,形成一个单一的独立面,保持相互连续性的复合空间,具有灵活性、延伸性,也可以利用柱子来分隔,使空间具有连续性和渗透性(图3-49)。

4．过渡式空间

相邻的两个或多个空间可以由一个过渡性空间进行连接,主要起承上启下、心理缓冲的作用。此空间体量上较小,为了衬托空间由大到小,再由小到大或高低明暗等方面的一些过渡,空间重叠部分可以根据功能的结构形式要求归属于相邻空间的过渡。空间尺寸、形状、形式等都可以由所联系的空间决定,连接物的造型在连接过渡位置中起到引导、暗示、过渡的作用,过渡空间的设置要灵活、巧妙,不可生硬(图3-50)。

5．综合式组合

在空间组织关系上,根据空间功能、形式、大小、用途、比例等,灵活机动地进行空间组合,达到特殊建筑的需要,并形成了空间的变化与协调。空间的组合划分应根据主体部分的位置划分,并取决于室内空间的主要人流路线。例如,休闲娱乐场所的空间就会运用很多种类的组合形式(图3-51)。

6．重复性空间

重复性空间是指同一空间的连续出现,相同的单元形式空间按照一定节奏感协调统一地进行重复排列,形成一定韵律,但不适当的重复会使人产生单调乏味的感觉。在空间组合设计中,要使用多种空间组合形式相搭配,形成空间的变化与统一、对比与协调,并且相辅相成,在统一中寻找变化(图3-52)。

图 3-49 对接式空间

图 3-50 过渡式空间

图 3-51 综合式空间

图 3-52 重复性空间

（四）室内空间组合设计的原则

（1）功能分区明确。
（2）交通流线组织简明，使用就近通道。
（3）空间布局紧凑，充分利用空间。
（4）灵活性与限定性辩证统一。
（5）利于创造室内物理环境，并使温度、通风、湿度等较为适宜。
（6）保证消防安全和交通疏散安全。
（7）提高空间的经济性。
（8）满足人们的精神需要。

四、室内空间界面设计

（一）室内界面的定义

室内界面指围合室内空间的底面、侧面和顶面，通常指的是室内的地面、墙面、顶面。界面是由不同形体的形态表现出来的，常见的面的形态分为平面和曲面。平面包括垂直面、水平面、斜面，曲面包括弧形面、弯顶形面、螺旋面。

（二）室内界面的功能要求

（1）底面（楼、地面）：耐磨、防滑、防水、防静电、易清洁（图3-53）。

🔼 图3-53　底面材料大多采用耐磨、易清洁材质

（2）侧面（墙面、隔断）：可以挡视线，也可以隔声、吸声、保暖、隔热等（图3-54）。

🔼 图3-54　室内墙面处理

（3）顶面（平顶、天棚）：要质量轻，光反射率高，有较高的隔声、吸声、保暖、隔热等效果（图3-55）。

（三）室内界面处理考虑的因素

（1）室内界面的处理，首先考虑功能技术要求。

（2）界面处理充分考虑造型和美观要求。

（3）综合、整体地考虑室内环境气氛、空间实体界面、空间形状的感受和视觉感受等，包括空间的采光、照明、材料、色彩、界面本身的形状、比例、图案肌理等（图3-56和图3-57）。

图 3-55 室内天花处理

图 3-56 不同空间的界面处理

图 3-57 大厅界面处理

（四）室内界面处理的原则

（1）风格统一。

（2）主次分明。

（3）渲染的气氛一致。

（五）各界面的处理手段

1. 顶面

空间的顶面最能反映空间的形状及空间的高度变化。常规的对空间顶面的处理方法是通过升降顶面，产生高差，使空间关系明确；使用灯具的造型、发光效果等进行艺术处理也是顶面处理的方法之一；顶面处理还可以通过不同的材料质感加以区分；顶面也可以与墙面整体处理，增强统一效果。顶面处理手段很多，目的是起到突出重点和中心的效果（图3-58）。

图 3-58　天花的处理

顶面设计首先要考虑空间功能的要求，特别是照明和声学方面的要求，这些要求在剧场、电影院、音乐厅、美术院、博物馆等建筑中是十分重要的。对音乐厅等观演建筑来说，顶面要充分满足声学方面的要求，保证所有座位都接收到良好的音质和足够的强度，观众厅也应有豪华的顶饰和灯饰，以便让观众在开演之前及幕间休息时欣赏（图3-59）。电影院的顶面可相对简洁，造型处理和照明灯具应将观众的注意力集中到荧幕上。

图 3-59　公共场所天花的处理

此外，顶面上的灯具、通风口、扬声器和自动喷淋等设施也应纳入设计的范围。要特别注意配置好灯具，因为它们既可以影响空间的体量感和比例关系，又可以使空间具有或是豪华，或是朴实，或是平和，或是活跃的气氛。

（1）平整式吊顶。这种顶面的表面没有任何造型和层次，构造平整、简洁、利落大方，材料也较其他的吊顶形式节省，其艺术感染力主要来自顶面色彩、形状、质地、图案及灯具的有机配置。这种类型适用于大面积和普通室内空间的装修，如展厅、商店、办公室、教室、居室等（图3-60）。

图3-60　平整式吊顶

（2）凹凸式吊顶。这种吊顶也叫造型顶。凹凸式吊顶是指表面经过凹入或凸出构造处理的一种吊顶形式，这种吊顶造型复杂且富于变化，适用于客厅、门厅、餐厅等顶面装饰。它常常与灯具（吊灯、吸顶灯、筒灯、射灯等）搭接使用。凹凸式吊顶强调整体感，用材不宜过多、过杂，各凹凸层的秩序性不宜过于复杂（图3-61）。

图3-61　凹凸式吊顶

（3）悬吊式吊顶。这是将各种板材、金属、玻璃等悬挂在结构层上的一种吊顶形式。这种天花富于变化和动感，给人一种耳目一新的美感，常用于宾馆、音乐厅、展馆、影视厅等吊顶装饰。悬吊式吊顶常通过各种灯光照射产生出别致的造型，充溢出光影的艺术趣味。这种吊顶的造型一般采用不规则的自由布局（图3-62）。

（4）井格式吊顶。井格式吊顶是利用井字梁因势利导或为了顶面的造型所制作的假格梁的一种吊顶形式。这种吊顶配合灯具以及单层或多种装饰线条进行装饰，可以丰富天花的造型或对居室进行合理分区（图3-63）。

（5）结构式吊顶。这种吊顶是利用屋顶的结构部件，结合灯具和顶部设备的局部处理，因地制宜地构成某种图案效果。这种形式在大空间的体育馆、候车大厅中常常被采用（图3-64）。

（6）玻璃吊顶。玻璃吊顶用玻璃制作，一般有两种形式：一种是发光吊顶，在吊顶里布置灯管，下面敷设乳白玻璃、毛玻璃或是蓝玻璃，给室内造成一种犹如蓝天、白昼的感觉；另一种是直接采光吊顶，现代大型公共建筑的门厅、中庭、展厅等常采用这种形式。这是利用透明、半透明或彩绘玻璃作为室内顶面的一种形式，主要是为了采光、观赏和美化环境，可以做成圆顶、平顶、折面顶等形式，给人以明亮、清新、室内见天的神奇感觉（图3-65）。

图 3-62　悬吊式吊顶

图 3-63　井格式吊顶

图 3-64　结构式吊顶

图 3-65　玻璃员顶

2．墙面

室内空间中，墙面占据着最大的比重。因此，墙面的垂直造型的形状对空间装饰的最终效果产生很大的影响。墙面的空间形状、质感、纹样和色彩的设计是侧面常用的处理方法。除此之外，通过垂直墙面的转折、穿插、弯曲等也是造型处理的主要方法。如果墙面的纹理在横向或竖向上产生分割，能让空间呈现出不一样的视觉效果；曲面在塑造墙面时起到引导作用，引导人们到其他的空间进行过渡；自由形体的墙体造型可以让空间变得更加灵活、夸张和主题效果明显，同时还具备了很强的个性和趣味性，但自由形体造型方向感不强（图3-66）。

墙面的装饰形式要服从室内总体设计，下面介绍几种装饰形式。

（1）抹灰类。抹灰类包括拉毛和喷涂。常用做法是在底灰上抹纸筋灰、麻刀灰或石膏，根据具体情况喷、刷石灰浆或大白浆（图3-67）。

（2）涂刷类。室内使用的涂刷材料很多，主要有白灰、油漆、可赛银浆、乳胶漆等（图3-68）。

（3）卷材类。卷材类材料已日益成为室内设计的主要装饰材料之一，如塑料墙纸、墙布、玻璃纤维布、人造革、皮革等（图3-69）。

🔼 图 3-66 造型墙面

🔼 图 3-67 抹灰类墙面

🔼 图 3-68 涂刷类墙面

图 3-69　卷材类墙面

（4）贴面类。具体包括以下三种。

① 陶瓷饰砖（马赛克）。墙面光洁，色彩丰富多样，耐水、耐磨、防潮，便于冲洗。常用于厨房、卫生间的墙面装饰，有时用瓷砖和马赛克的拼画，墙面富有艺术性（图 3-70）。

图 3-70　墙面贴砖

② 面砖。面砖有釉面砖和无釉面砖之分。面砖坚固耐久，其质感和色感具有较强的艺术表现效果。

③ 大理石、花岗石等。表面光滑，质地坚硬，色彩纹理自然清晰，美观大方，装饰墙面和立柱显得富丽高贵。常用于公共建筑门厅、休息厅、中庭等重要部位（图 3-71）。

（5）贴板类。具体包括以下三种。

① 石膏板。石膏板可压制成立体图案，可增强墙面的立体感，施工方便，有防火、隔音等优点（图 3-72）。

图 3-71 大理石砖

图 3-72 石膏板贴面

② 镜面玻璃。表面平整,反映人的活动,可起到扩大空间的作用(图 3-73)。

③ 金属板。主要有铝板、铜板、钢板、不锈钢板、铝合金板等金属材料,不仅坚固耐用,美观新颖,而且具有强烈的现代感(图 3-74)。

图 3-73 玻璃贴面

图 3-74 金属板贴面

3. 地面

地面的处理常用不同种类的地面材料根据使用需求平铺、搭配、拼花、穿插等;也可以根据空间结构的特点,提高或降低地面高度以区分不同区域;地面也可以与墙面整体划一处理或者通过地面局部灯光分隔来处理(图 3-75)。

以下为几种常见的地面形式。

(1)木质地面。木质地面色彩、纹理自然,富有亲切感,保暖,隔声效果良好,常用于卧室、舞厅、体育馆、训练馆等室内空间(图 3-76)。

(2)块材地面。将大理石、花岗岩等块材,根据要求划分成石块的形状进行敷设。块质地面耐磨、易清洁,并能产生微弱的镜面效果,常给人以富丽豪华的感受,是公共空间如起居室、门厅、会议室等常用的材料(图 3-77)。

(3)塑胶地面。塑胶地面柔韧,有一定的弹性和隔热性,便于更换(图 3-78)。塑胶地面多用于养老院、医院及幼儿园等场所。

(4)面砖地面。面砖地面包括地砖、缸砖、瓷砖、马赛克等铺饰地面。其特点是质地光洁,便于冲洗,多用于厨房、卫生间地面铺瓷砖(图 3-79)。

(5)水磨石地面。水磨石地面分预制和现浇两种,由铜条嵌缝,划成各种色彩和花饰图案。这种地面耐磨且便于洗刷,常用于人流集中的大空间,如食堂、候车厅、商场等(图 3-80)。

🔸 图 3-75　不同区域用不同材质的地面处理　　　　🔸 图 3-76　木质地面

🔸 图 3-77　块材地面　　　　🔸 图 3-78　塑胶地面

🔸 图 3-79　卫生间地面铺瓷砖　　　　🔸 图 3-80　水磨石地面

第二节　造型与艺术

一、室内设计的形式要素

室内设计的任务是为人们创造良好的工作、学习及生存环境，设计首先应满足人们对使用功能和情感的基本要求，然后就是满足人们对美的要求。重视对形式的处理是整个设计领域的最基本要求。

美是人们在日常生活中所追求的一种精神享受。人类所接触到的具有现实意义的东西，必定具有逻辑性。大部分人对美丑的看法存在着一种基本相通的共识，这种共识是建立在人类长期生产、生活实践基础上的，其基础是一种客观存在的美的形式法则，人们称为形式美法则。在人们的视觉经验中，高大的冷杉、耸立的高楼大厦、巍峨的山峦，其构造的轮廓都是一条高耸的垂直线，因为垂线在视觉形态上会产生"上升""高大""威严"等感觉；而水平线则让人想到地平线，想到一望无际的平原，想到风平浪静的海洋等，从而让人产生一种开阔、舒缓、平静的感觉。直到今天，形式美法则已经成为现代设计的一种理论依据，在设计的实际中，更具有它的重要意义。

当今对于形式美的原则总结已经比较系统，一般认为形式美的原则主要有均衡与稳定、对比与微差、节奏与韵律、重点与一般、比例与尺度。

1. 均衡与稳定

现实生活中的一切物体，都具备均衡与稳定的条件。受这种实践经验的影响，人们在美学上也追求均衡与稳定的效果，如图3-81所示为室内设计的均衡布局。

图3-81 室内设计的均衡布局

所谓均衡，就是在特定的空间范围内形式诸要素之间的力感平衡关系。在自然界中，相对静止的物体都是遵循力学的原则并以安定的状态存在着的。这个事实作用于视觉，使之成为审美心理的一种要求，于是均衡就成了生活在有引力的地球上人类的特定审美原则之一，人们可以称它为视觉力感，这种视觉力来源于力学原理。所以在谈到构图的安定和均衡时，一般经常引用物理学中的杠杆原理。但是作为审美观念的安定与均衡同物理学中的安定与均衡是分属于不同范畴的两种事物。力学是自然科学的研究对象，它用逻辑思维的方法去进行研究；而均衡感则是形式美的精神感觉，是用形象思维方法来研究的。但是，实际上的均衡和审美上的均衡两者之间也不是毫不相干的两个概念，它们之间是既有区别又相互联系的。

均衡形式大体分为两大类，即静态均衡与动态均衡。

（1）静态均衡。所谓静态均衡，是指在相对静止条件下的平衡关系，在视觉上有平衡的动感，给人以生动清新的感受（图3-82）。

（2）动态均衡。所谓动态均衡，是指以不等质和不等量的形态求得非对称的平衡形式。动态平衡在视觉上有平衡的动感，给人以清新的感觉（图3-83）。

在处理构图的均衡关系时，应当加上人的力感惯性这个因素。因为人们在生活习惯中，左右手的使用频率是不等的，在通常情况下，右手的使用频率大于左手，所以在造型过程中，右手的分量要重要些。

🔸 图 3-82 静态空间

🔸 图 3-83 动态空间

在谈到均衡时,必须与稳定的概念联系在一起。在生活经验中,由于受自然界的启发,观察物体时,以底部大、上部小而让人感到稳定,所以人们把金字塔形公认为世界上最稳定的造型,其原则要点是对称。对称是指以某一点为轴心,求得上下、左右的均衡。对称与均衡在一定程度上反映了处世哲学与中庸之道,因而在我国古典建筑中常常会运用到这种方式。现在居室装饰中人们往往在基本对称的基础上进行变化,造成局部不对称或对比,这也是一种审美原则。还可以打破对称或缩小对称在室内装饰中的应用范围,使之产生一种有变化的对称美(图 3-84)。

2. 对比与微差

对比是指要素之间的差异比较显著,微差则是指差异比较微小的变化。当然,这两者之间的界限有时也很难界定。如数轴上的一列数字,当它们从小到大排列时,相邻者之间由于变化甚微,表现出一种微差的关系,这列数字即具有连续性;如果从中间抽去几个数字,就会使连续性中断,凡是在连续性中断的地方,就会产生引人注目的突变,这种突变就会表现为一种对比的关系,且突变越大,对比越强烈。

🔺 图 3-84　对称空间

就形式美而言,两者都不可少。对比可以借相互烘托陪衬求得变化,微差则借彼此之间的协调和连续性以求得调和,如图 3-85 所示。没有对比会产生单调,而过分强调对比以致失掉了连续性又会造成杂乱,只有把这两者巧妙地结合起来,才能达到既有变化又协调一致的效果。对比在建筑室内构图中主要体现在不同度量、不同形状、不同方向、不同色彩和不同质感之间。

🔺 图 3-85　室内设计的对比与微差

（1）不同度量之间的对比：在空间组合方面体现最为显著。如果两个毗邻空间大小悬殊,当由小空间进入大空间时,会因相互对比作用而产生豁然开朗之感。中国古典园林正是利用这种对比关系获得小中见大的效果。各类公共空间往往在主要空间之前有意识地安排体积极小的或高度很低的空间,以欲扬先抑的手法突出、衬托主要空间（图 3-86）。

🔺 图 3-86　大小空间的对比

（2）直和曲的对比：直线能给人以刚劲挺拔的感觉，曲线则显示出柔和活泼。巧妙地运用这两种线型，通过刚柔之间的对比和微差，可以使建筑构图富有变化（图3-87）。

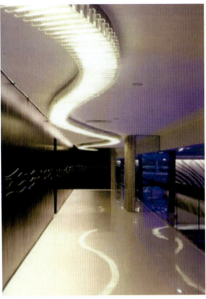

🔸 图3-87　直线空间和曲线空间的对比

（3）虚和实的对比：利用柱之间的虚实对比，将有助于创造出既统一和谐又富有变化的室内环境（图3-88）。

🔸 图3-88　虚实空间的对比

（4）色彩、质感的对比和微差：色彩的对比和调和，质感的粗细和纹理变化，对于创造生动活泼的室内环境也起着重要作用。如图3-89和图3-90所示，使用凹凸纹理的墙面、光滑的大理石桌面、白色的顶棚、黑色的石材地面可以形成一定的质感和色彩上的对比和微差。

3．节奏与韵律

节奏是指画面上明暗、冷暖、大小、疏密等因素，其反复出现的频率与对比关系就构成了画面的节奏感。韵律是指画面上的线条、色调等在起、承、转、合的变化中呈现出一波三折的韵味与律动关系。

图 3-89　质感变化的空间

图 3-90　色彩变化的空间

节奏与韵律往往互相依存，虽然都建立在以比例、疏密、重复和渐变为基础的规律形式上，但它们在表达上仍存在着本质区别。简单来讲，节奏是一种单调的重复，而韵律则是一种富有变化的重复。自然界中的许多事物或现象，往往由于有秩序地变化或有规律地重复出现而激起人们的美感，这种美通常称为韵律美。音乐中有节奏和韵律，诗歌中有节奏和韵律，在设计这个大的范畴中同样也存在节奏和韵律。设计中的节奏与韵律是形成视觉设计美感的重要因素。在设计中，将文字、版式、图形、色彩等因素连续重复进行有规律的排列，就形成了节奏与韵律。掌握节奏与韵律能使设计作品更具条理性、形式更加统一。表现在室内空间中的韵律可分为下述四种。

（1）连续韵律：以一种或几种组合要素连续安排，各要素之间保持恒定的距离，可以连续地延长等，是这种韵律的主要特征。室内设计中的装饰图案,墙面的处理,均可运用这种韵律获得连续性和节奏感(图3-91)。

图 3-91　连续韵律的空间

(2)渐变韵律:重复出现的组合要素在某一方面有规律地逐渐变化,比如,加长或缩短,变宽或变窄,变密或变疏,变浓或变淡等,便形成渐变的韵律(图3-92)。

(3)起伏韵律:渐变韵律如果按照一定的规律使之变化如波浪之起伏,称为起伏韵律(图3-93)。

图 3-92　渐变韵律的空间　　　　　　　　　　图 3-93　起伏韵律的空间

(4)交错韵律:两种以上的组合要素互相交织穿插,一隐一显,便形成交错韵律。简单的交错韵律由两种组合要素作纵横两向的交织、穿插构成,复杂的交错韵律则由三个以上要素形成多向交织、穿插构成(图3-94)。

4．重点与一般

古希腊哲学家赫拉克利特发现,自然界趋向于差异的对立,他认为协调是差异的对立产生的,而不是由类似的东西产生的。例如,植物的干和枝、花和叶、动物的躯干和四肢等都呈现出一种主和从的差异。这就启示人们,在一个有机统一的整体中,各个组成部分是不能不加以区别的,它们存在着主和从、重点和一般、核心和外围的差异。室内空间的构图为了达到统一,从平面组合到立面处理,从内部空间到外部体形,从细部处理到整体组合,都必须处理好主和从、重点和一般的关系。

图 3-94　交错韵律的空间

现代设计强调形式必须服从功能的要求,反对盲目追求对称,出现了各种不对称的组合形式,虽然主从差异不是很明显,但还是力求突出重点,区分主从,以求得整体的统一。国外一些建筑师常用的"趣味中心"一词,指的就是整体中最富有吸引力的部分,如图 3-95 所示。一个整体如果没有比较引人注目的焦点——重点或核心,会使人感到平淡、松散,从而失掉统一性。

图 3-95　突出重点的空间

重点和统一是一种最为普遍使用的基本形式美法则。在艺术作品中,各种因素的综合作用使其形象变得丰富而有变化,但是这种变化必须要达到高度的统一,使其统一于一个中心或主体部分,这样才能构成一种有机整体的形式,变化中带有对比,统一中含有协调。

5．比例与尺度

（1）比例。任何艺术作品的形式结构中都包含着比例与尺度。达·芬奇在其名著《芬奇论绘画》中,对于平衡美的原则曾明确指出:"美感应完全建立在各部分之间神圣的比例关系之上。"

比例是物象的整体与局部、局部与局部之间的数量关系。比例不是僵化的,通过改变比例可以创造特殊的审美效果。目前公认的黄金比率1:1.618具有标准的美的感觉,人们将近似这个比例关系的2:3、3:5、5:8都认为是符合黄金比,是能够在心理上产生美感的比例(图3-96)。

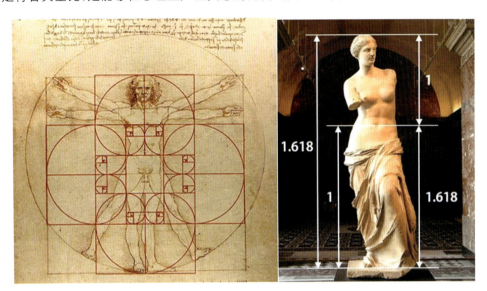

图3-96 人体的黄金比例

(2)尺度。与比例相联系的是尺度。比例主要表现为整体或部分之间长短、高低、宽窄等关系,是相对的,一般不涉及具体尺寸;尺度则涉及具体尺寸。不过,尺度一般不是指真实的尺寸和大小,而是给人们感觉上的大小印象同真实大小之间的关系(图3-97)。

图3-97 不同的尺度感受

二、室内色彩设计

(一)色彩的基本概念

人类所感知的色彩实际上是源于光线,没有光就感觉不到色彩的存在。人们视觉能感知到的光波的波长是在380~780nm内,这些光是可见光。色彩即是不同的物质对可见光中不同波长的光的吸收与反射形成的。例如,我们看到的红色,只反射了红光,它吸收了除了红光以外的其他可见光。人类对色彩的感知是光对人的视觉和大脑发生作用的效果,是一种视知觉。

为更好地理解色彩的一些基本概念和属性,可通过下面的色环图例(图 3-98)建立更直观的认识。

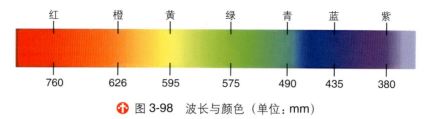

图 3-98　波长与颜色(单位:mm)

1. 色彩的基本要素

色彩的基本要素即明度、色相、纯度,这是构成色彩的最基本元素,称为色彩的三属性(图 3-99)。

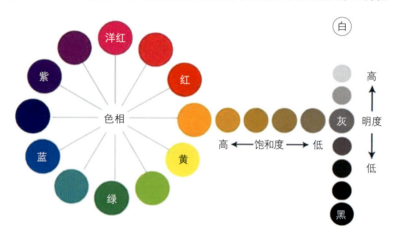

图 3-99　色彩的三属性

(1)明度:即色彩的明暗程度。在无色彩中,明度最高的色是白色,明度最低的色是黑色,从白色至黑色之间存在一个从亮到暗的灰色系列。而在有色彩中,每个色彩均有自己的明度属性。例如,黄色为明度较高的色,而绿色的明度则相对较低。明度在三属性中具有较强的独立性(图 3-100)。

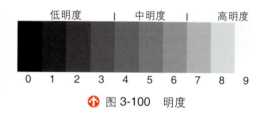

图 3-100　明度

(2)色相:色相是色彩的相貌属性。这种属性可以将光谱上的不同部分区别开。人们视觉能感知的红、橙、黄、绿等不同特征的色彩均有自己不同的名称,有特定的色彩印象。在可见光谱中,红、橙、黄、绿、蓝、紫这些不同特征的色彩都有自己的波长与频率,它们从长到短依次排列,这些颜色构成了色彩体系中的基本色相(图 3-101)。

(3)纯度:纯度是指色彩的鲜艳程度和饱和度。人们所看到的每一个色彩均有不同的鲜艳程度。如红色加入一定的白色时,虽保持红色色相的特征,但其鲜艳程度降低,变成了浅红色。

在实际应用中,大多是非高纯度的色彩,只有对色彩三属性的合理应用,才能营造和谐而富有变化的色彩空间(图 3-102)。

2. 色彩的混合

(1)色彩的三原色。红、黄、青称为色彩的三原色,这三种颜色是不能用其他色彩调配出来的(图 3-103)。

(2)间色。间色是指用两种原色调配而成的色彩,即红、黄、青三原色中任意两个原色相配而成的色彩。如红与黄相配产生橙色,黄与青相配产生绿色,青与红相配产生紫色。

(3)复色。由间色中的任意两种色彩相配而成的色称为复色。由间色相配构成的色彩使颜色的变化更加丰富,使色彩产生了更微妙的色彩倾向性。

（4）补色。在色相环中相对的色称为补色。红与绿、黄与紫、青与橙都是补色（图3-104）。

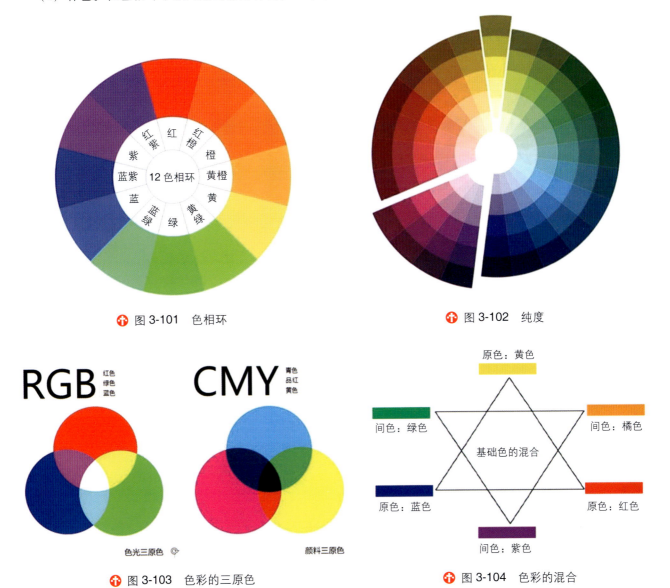

图 3-101　色相环

图 3-102　纯度

图 3-103　色彩的三原色

图 3-104　色彩的混合

（二）色彩设计的形成

远古以来，我们的先辈在与神秘而绮丽的大自然共存中，那五彩缤纷、千变万化的大自然色彩使他们产生惊喜和舒心的情感。我们的祖先最初学会使用色彩是在15万～20万年前，死去的动物或人的尸骨埋在红土中，被涂抹上红色的粉；一场神秘的森林大火，红色的火焰惊天动地，令人恐慌，而动物在死亡之前喷射的血流和胎儿从母体降生时伴随着的血等，使我们的祖先相信了红色具有一种生命的魔力。于是，人们在身体和脸上，在石器上涂上红土黑泥来装扮自己。

随着人类不断地理解和使用色彩，约在公元前15000年间，穴居在洞窟中并以狩猎为生的先辈们，在洞窟的石壁上和顶棚上用色彩来描绘与人类息息相关的动物壁画。这可视为人类最早懂得在自己的居住环境里对色彩的"设计"。如著名的西班牙阿尔塔米拉山洞动物壁画（图3-105）和法国的拉斯科洞窟动物壁画（图3-106）等。

图 3-105　西班牙阿尔塔米拉山洞动物壁画

图 3-106　法国的拉斯科洞窟动物壁画

早在 2500 年前,便出现了关于"五色"的文献记载。中国传统五色狭义的概念指青、赤、黄、白、黑,广义指的是中国传统色彩观念,其产生与发展与中国传统文化中的方位学、阴阳五行学、天文历法学有着深刻的联系。在中国传统哲学思想里,万物有"五行",世间一切的事物皆由"金、木、水、火、土"五种最基本的元素构成。每一行都用一种正色来表示,金为白,木为青,水为黑,火为赤,土为黄。将五色崇拜和五行色彩学原色同方位相联系,经年累月,人们便将所有的色彩称为"五色"或"五彩"。"五彩斑斓""五彩兼施""五彩缤纷"等大家所熟知的成语皆由此而来(图 3-107)。

在我国的唐宋时期,建筑的室内外色彩的运用比任何时期都显得华丽而富贵。多以绿色、青色琉璃瓦为主,并开始使用深青泛红的绀色琉璃瓦。朱门白墙、金銮宝殿、雕刻彩绘、书画艺术装饰效果,创造了具有民族特色的中式古典风格,也形成了独特的室内色彩装饰风格(图 3-108)。

图 3-107　中国传统五色

图 3-108　中国五色在室内空间中的应用

18 世纪,随着欧洲工业革命的到来,科学技术的发展使人类对色彩在自身环境内的重要性认识得越来越清楚,新材料、新技术和大工业生产带来了对环境色彩新的认识和处理,也开拓了室内环境色彩运用的新领域。总之,无论是过去、现在还是将来,在人类生存居住的环境中,色彩将永远伴随着我们,室内环境色彩的"设计"也将是一个永恒的课题。

1. 色彩的心理功能

心理学家认为,色彩直接诉诸人的情感体验,它是一种情感语言。在室内设计中,色彩几乎被称为是其"灵魂"。人们对色彩认识的不断深入,对色彩的功能了解日益加深,使色彩在室内设计中的应用处于举足轻重的地位。

在室内设计中,色彩是最具表现力和感染力的因素,色彩通过人们的视觉感受产生一系列生理和心理效应,在较快的时间内使人们产生丰富的联想,以及领悟空间的寓意和象征。

在实际设计中,通过色彩的合理应用,可满足室内空间的功能和精神需求。

2. 色彩的空间效应

由于色彩本身的属性,作用于人的心理会产生诸多的心理效应,如冷暖、远近、轻重等。合理应用色彩本身具有的一些心理效应,将会赋予室内空间感人的魅力。

(1) 温度感:在色彩学中,色彩的不同特性会引起人的不同心理反应,通常按照不同的色相可将色彩分为冷色系、暖色系,从紫红、红、橙、黄到黄绿称为暖色系,以橙色为最暖;从青紫、青至青绿称为冷色系,以青色为最冷。这些心理感受与人类的生活经验是一致的。例如,看到红色、黄色,总使人联想起太阳、火焰等;而青色、绿色又多与树木、田野、海水等构成相似联想,产生凉爽的心理反应。在室内设计中,合理应用暖色系的颜色搭配可营造温馨舒适的空间效果(图3-109);合理应用冷色系的颜色搭配,可营造清爽、纯净的氛围。

图3-109 色彩的温度感

(2) 距离感:色彩的远近感在室内设计中起着非常重要的作用。一般纯度较高的色彩和暖色系宜产生接近的心理感受,而纯度较低的色彩与冷色系则宜产生后退的感觉,当然,这些都是相对而言。在室内设计中,合理地选择和组织色彩的关系可重新塑造原有的物理空间感,从而使突出的部位更突出,作为衬托的环境更加具有背景感,从色彩上塑造空间的虚与实、主与次,营造出满足实际需求的心理空间(图 3-110)。

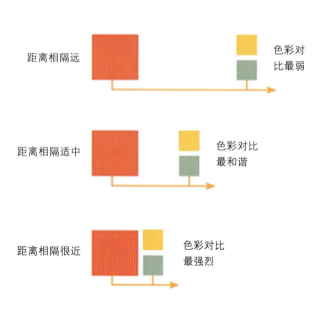

图 3-110　色彩的距离感

(3)分量感:色彩的明度和纯度是构成不同分量感的主要因素。色彩的明度和纯度较高,则给人以轻飘的感觉;反之,则让人有沉重的心理反应。如浅蓝色和深蓝色即是两种不同的分量感。利用色彩对人形成的这一心理反应,可在室内设计中强化某一空间的分量感,营造特定的心理氛围,或者以此达到整体空间的心理平衡感(图 3-111)。

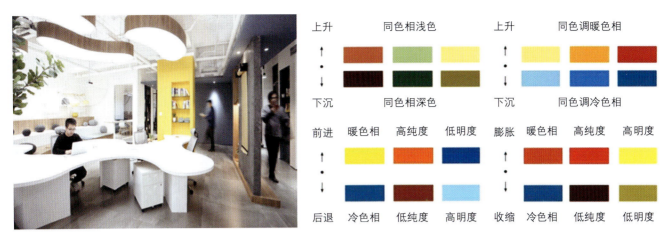

图 3-111　色彩的分量感

3. 色彩的情感效应

色彩在室内空间设计中有着千变万化的形式，但色彩本身也有着自己丰富的含义和象征性，不同的色彩可表现出不同的情感，这种心理反应也是人们在长期生活经验和积累中形成的。对色彩的感受也和人的年龄、性格、素养、民族、习惯等有关。

（1）红色：这是一种较刺激的颜色，视觉感强烈，使人感到崇敬、伟大、热烈、活泼，通常不宜过多使用，对视觉有较强烈的刺激（图 3-112）。

图 3-112　红色系在室内空间中的应用

（2）黄色：使人感到明朗、活跃、温情、华贵、兴奋，具有较强的穿透力和跳跃性（图 3-113）。

（3）绿色：象征着健康与生命，对人的视觉较为适宜，使人感到稳重、舒适、积极。可缓解人的视觉疲劳，营造较舒适的空间氛围，但过多使用，易使人感到冷清（图 3-114）。

（4）蓝色：使人感到开阔、深邃、内向、镇静。由于蓝色与人们经验中的蓝天、大海有关，因此更宜使人产生遐想，对人的情绪有较好的调节作用，但过多使用则会显得沉重（图 3-115）。

（5）白色：使人感觉纯净、纯洁、安静，具有一定的扩散性。在较小的空间内，以白色为主调可使空间有宽敞感（图 3-116）。

（6）黑色：黑色与白色均为无色系，在现代的室内设计中，更多地使用这种色彩，以达到富有个性的空间效果。黑色给人以神秘、深沉、高贵的感觉（图 3-117）。

图 3-113 黄色系在室内空间中的应用

图 3-114 绿色系在室内空间中的应用

图 3-115 绿蓝色系在室内空间中的应用

图 3-116　白色系在室内空间中的应用

图 3-117　黑色系在室内空间中的应用

（7）紫色：让人感觉浪漫、雅致、优美，它处于相对较低的明度和纯度，更多的时候会在不经意间影响人的情绪（图3-118）。

图 3-118　紫色系在室内空间中的应用

色彩在人们心理上的效应会在特定空间中发挥作用,色彩不同要素的变化也会带来微妙的色彩情感变化。室内设计师就是要调动这些因素来创造心理空间,表达内心情绪,反映思想感情。

(三)室内色彩设计的基本原则与方法

1. 室内色彩设计的基本原则

色彩是室内环境设计的灵魂,营造良好的室内空间环境,提升空间质量,需要在设计中合理组织色彩的各要素。

在室内设计中,色彩设计要遵循一些基本原则,这些原则能更好地指导我们合理运用色彩,以达到最佳的空间效果。

(1)符合使用功能。这种对功能的服从,既要符合色彩的基本规律,又要符合人们在生活中长期积累的经验,不同的使用目的会对空间环境有不同的需求,形式和色彩要服从功能。例如,医院和酒店这两个不同的空间,由于功能不同,对空间环境的色彩需求也不同。色彩的设计要根据功能的差异,认真考虑色彩的构成因素(图 3-119 和图 3-120)。

图 3-119　医院室内空间设计

图 3-120　酒店室内空间设计

（2）整体统一规律。室内设计中的色彩配置必须符合空间的整体性原则，充分发挥室内色彩对空间的美化作用，处理好协调与对比的关系、主与次的关系。首先要根据功能需要科学地确定室内空间的色彩主调，色彩的主调对室内空间起着强化烘托的作用，能有效地为功能服务，强化室内空间的整体气氛，提升空间的品质（图3-121）。

图 3-121　协调统一的室内色彩

（3）符合特定的文化与习惯。要考虑不同民族、不同地区及文化传统的特征，在室内设计时要尊重普遍被大众接受的习惯。不同的民族、不同的地区，其文化背景不相同，生活习惯也不相同，审美要求也不相同，因此在室内色彩构成中要充分考虑这些特点（图3-122）。

图 3-122　不同文化的室内色调

2. 室内色彩的设计方法

任何一个室内空间均离不开色彩，也离不开色彩的对比与协调，那么如何根据室内空间的功能需求和空间特征实现良好的空间效果？这要涉及室内色彩的设计方法，具体有以下两种方法。

（1）色彩的协调与对比。色彩的感染力的关键在于如何搭配颜色，如何合理应用色彩的基本要素，这也是室内色彩效果好坏的关键。

凡·高说："没有不好的颜色，只有不好的搭配。"与人们息息相关的室内空间中的色彩是空间中的灵魂，有经验的设计师能充分发挥色彩在室内设计中的作用。

利用色彩的基本属性能创造富有个性、有品位的空间环境，而色彩的基本属性（色相、明度、纯度）决定了色彩构成基本规律，色彩的效果取决于不同颜色间的相互关系。

应确定主色调。当空间中一个色彩占据主导地位时，就能达到整体色调的统一。主色调确定后，就要考虑次色调，使局部服从整体，局部小面积的色彩跳跃不会影响整体的统一。色彩的协调与对比，可通过色彩的面积对比构成色彩的和谐。如大面积的浅米色为主色调，即使增加小面积的对比色，也只是局部的跳跃，不会影响整体色调（图 3-123）。

图 3-123　不同文化的室内色调

降低色彩的纯度。降低色彩的纯度可使主要的色彩对比均处于低纯度状态下，使色彩对比关系处于非常柔和的关系中。即使在纯色中加入适量的白或黑，其所构成的对比也是谐调的，尤其对比色的处理。例如，将蓝色与黄色加入一定量的白色，降低彼此的纯度，在室内空间中可形成统一的关系。

利用近似色的谐调。在色环上，左右相近的区域的色彩容易构成协调的关系，如黄色与橙黄色、红色与橙红色。在室内设计中，往往利用高纯度的近似色营造视觉强烈而又协调的空间氛围（图 3-124）。

动态与静态的关系。室内空间有其特殊性，由于空间中的人处于静态和动态两种形式，所以，色彩的对比也可产生两种方式，即同时对比和连续对比。

当人处于相对静态时，室内空间的色彩会同时作用于人的视觉，即会产生同时对比。对于这种空间的处理就要依据色彩的基本属性搭配，如色彩的面积大小、纯度高低等要素，使处在同一空间内的色彩取得统一的氛围。当人处于动态时，会在不同的区域或功能空间中感受不同的色彩氛围，因此可利用这种空间的转换进行色彩的对比与统一的处理。从一个空间过渡到另一个空间，会产生时间和空间的过渡，在这种过渡中，可适当减弱同时对比带来的过强的视觉反差。这些在室内设计中要给予特别的关注。

图 3-124　色彩的纯度搭配

（2）色彩的空间构图。对于室内空间色彩的对比关系，在实际应用中千变万化。这里所说的不是色彩在空间中的对比，而是指色彩在室内空间中的节奏与韵律。利用色彩在空间中不同部位的相互关系营造动人的室内氛围（图3-125）。

图 3-125　色彩搭配与构图处理

通过色彩处理可满足功能的需求,强化某一部位或减弱某一部位,在处理功能的同时已经产生了不同空间界面上的相互关系与色彩的节奏。例如,人们可以通过墙面与地面的协调强化家具陈设,也可以通过天花上局部区域的色彩变化,强化相应地面的功能区域感。另外,色彩的软性功能非常强,不需通过形体分割即可达到目的。例如餐桌上对应的天花色彩就可强化用餐区。

通过色彩改造原有空间的物理属性。由于色彩有极强的视觉感染力,所以利用色彩在空间中的六个面作色彩分割,可打破单调的六面体空间。例如,不按天花和墙面的界线来划分色彩,而是将墙与天花做斜线的色彩贯通,就会创造出新的心理空间,模糊原有空间的构图形式。

通过色彩改造室内空间的大或小、远或近、强或弱。色彩本身具有对人产生心理效应的作用,故可利用这一特点弥补空间的不足或强化空间的特征,色彩的这种作用经过合理的设计,会起到事半功倍的效果,在原有空间不可改变的情况下,利用色彩的合理组合达到令人满意的心理空间效果。例如,可以利用灰色减弱某个墙面的跳跃感,也可以利用明亮的色彩使某个墙面更加突出。

(四)室内设计的流行色

在设计上,色彩的流行趋势称为流行色,一般是根据一个国家或者地区的某个阶段的流行趋势,由相关部门组织,每年定期地发布各时期的流行趋势。流行色最初来源于服装设计,该领域对于流行色的发布次数较多,涉及的范围较广。在我国,随着装饰装修行业的飞速发展,室内设计领域也由相关权威部门预测近期流行的装饰色彩,来追寻潮流的风向标。色彩的流行与室内设计的流行风格有很大关系,一种色彩流行过后,必然是向另一种颜色转变,它不是单一的,而是经过细致和柔和后的一种比较雅致的风格趋势。

2022年国际上室内设计领域的流行趋势如图3-126所示。

图3-126　2022年色彩流行趋势

三、室内空间照明设计

我们的生活空间如果没有光,就人的视觉来说就没有一切,光的存在让我们看到这个世界的五彩缤纷。在室内空间设计中,光的作用尤为重要,光不仅能满足人们视觉功能的需要,而且是空间美的创造者。因此,室内照明是室内设计的重要组成部分之一,在设计中应重点考虑。

目前,国内有很多知名的灯光设计事务所,中国香港著名灯光设计师关永权重点设计室内空间的灯光,代表作品为香港阿玛尼专卖店(图3-127)、路易威登珠宝手表店;照明设计师安小杰设计的北京国家游泳中心"水立方"夜晚灯光效果(图3-128)分外耀眼,其代表作品还有广州国际白云机场、北京新三里屯等。

图 3-127　香港中环阿玛尼专卖店灯光设计

图 3-128　北京国家游泳中心"水立方"夜晚灯光效果

（一）采光照明的基本概念

1. 自然光源

自然光和人工照明是室内光环境的两大组成部分，是保证人类在室内从事各种活动的重要因素，充分利用自然光不仅能节约能源，而且通过自然光的折射、反射、透射等现象，还能使室内产生不同的光照效果，营造出丰富多彩的空间美感（图 3-129）。

2. 人工照明

人工照明是相对于自然光而言的，随着社会的进步，越来越多的高楼大厦拔地而起，随着高楼密度的增加，自然光已经无法满足人们对照明的需求，因此，人工照明成为补充自然光和夜间照明的重要手段。人工照明作为室内照明的重要组成部分，兼顾了功能性和装饰性的双重作用，既要满足人们正常生活、工作的照明需求，更要兼顾设计美感。根据设计对象的使用功能不同，人工照明的功能性和装饰性的比重也有所不同，比如学校、厂房、仓库、办公室等场所更注重功能性的设计，而商场、娱乐空间、餐厅等场所应侧重装饰性的设计。因此，人工照明应综合考虑多方面因素，合理地组织和选择照明方式（图 3-130）。

图 3-129　以自然光直接照明为主的照明方式

图 3-130　以人造光为主的照明方式

（二）照明基本概念

1. 照度

照度是指投射在物体表面单位面积上的光通量。照度决定着被照射物体的明亮程度，所以照度是衡量室内照明质量的重要指标之一。不同的照度会让人产生不同的心理感受，如果照度过低，人的视觉功能会下降，长时间处于低照度的环境会导致视觉疲劳；反之，当照度提高时，人们的视觉功能也会有所提升，过高的照度会引起人们精神紧张。所以不同的环境应该使用不同的照度来满足人们的视觉需求。因此照明设计要针对不同的活动要求和活动性质，按照国家有关照明设计标准和人们的生活习惯，选择合适的照度值（图 3-131）。

照度高色温低的空间　　　　　　　　　　　　　照度低色温高的空间

图 3-131　不同照度的空间

2. 光色

光的表观颜色也叫色表。光色主要取决于光源的色温（K），并影响室内的气氛。色温低，光色偏红，感觉温暖；色温高，光色偏蓝，感觉凉爽。一般色温小于 3300K 为暖色，色温在 3300～5300K 为中间色，色温大于 5300K 为冷色。光源的色温应与照度相适应，即随着照度增加，色温也应相应提高，否则在低色温、高照度下，会使人感到酷热；而在高色温、低照度下，会使人感到阴森的气氛。不同色温的光源造成的照明效果的冷暖感觉可以适当调整气候条件带来的差异，光源的色温选择要与整体室内设计风格及想要形成的环境气氛相适宜，如暖色调的灯光色温低，接近黄昏的情调，能够形成亲切轻松的气氛，适合休息场所，能缓解疲劳；色温较高的冷色调的灯光适合精神紧张的工作环境，不同色温的灯光给人不同的印象。由于人们所处区域的气候条件的差异，通常亚热带的人较喜欢 4000K 以上较高色温的光源照明，寒带的人较喜欢 4000K 以下的较低色温的光源照明，设计时要充分考虑到光色的重要性能（图 3-132）。

图 3-132　冷暖光色的对比

3. 亮度

亮度是表示发光物表面发光强弱或被照物表面反射光的强弱的物理量,也称发光度(L),单位为坎德拉每平方米(cd/m^2)。室内亮度的分布是由照度分布和表面反射比来决定的,是人眼对环境明亮程度的感受。若室内各区域亮度差别较大,人眼从一处进入另一处时需要一定的适应过程。如果视场内各区域亮度跨度较大,当人们在亮度变化过大的区域反复用眼时,势必造成视觉疲劳。所以,室内照明设计中应考虑同一视场内不同区域亮度的调节,同时根据界面和物体材质的反射率考虑界面亮度和目标物亮度的均匀性,要避免出现极明极暗的现象,或过暗的阴影出现,同时又要避免房间内照度均匀,空间呆板,没有主次感和层次感。适度的亮度变化有利于目标物的凸显和氛围的营造。CIE 推荐当目标物的亮度是其所在区域环境亮度的 3 倍时,此时目标物的突出地位较为明显,视觉清晰度较好(图 3-133)。

4. 眩光

眩光是由于光线的亮度分布不适当或者亮度变化太大所产生的刺眼效应,它分为直射眩光和反射眩光两种形式。直射眩光是指光源发出的光线直接射入人眼,反射眩光指在具有光泽的墙面、桌子、镜子等物面上反射的光射入人眼。强烈的眩光会使室内光线不和谐,使人感到不舒适,严重时会觉得昏眩,甚至短暂失明(图 3-134)。

图 3-133　较明亮的空间　　　　　　　　图 3-134　眩光

5．显色性

显色性即光源射到物体上,呈现物体颜色的程度。显色性越高,则光源对颜色的表现越好,我们见到的颜色也就越接近自然颜色。国际照明委员会 CIE 把太阳的显色指数定为 Ra=100,各类光源的显色指数各不相同。显色性亦是照明装饰设计上非常重要的因素,它将直接影响一切装饰物品的效果（图 3-135）。

（三）室内照明形式

根据不同空间对于灯光的照度和亮度的需求情况,照明方式包括以下几种。

1．直接照明

灯光直接照射物体被称为直接照明。直接照明能够确定从光源到达物体表面的光线颜色和数量,但忽略了能通过其他方式到达物体表面的光线,比如经过反射或折射的光线等。直接照明还能决定被物体表面吸收和反射的光量（图 3-136）。

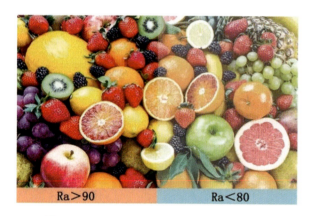

图 3-135　不同的显色性导致不同的效果

图 3-136　直接照明的室内空间

2．半直接照明

半直接照明方式使用半透明材料制成的灯罩罩住灯泡上部,60%～90% 的光通量集中射向作业工作面;10%～40% 的光通量又经半透明灯罩扩散而向上漫射,形成的阴影比较柔和。这种照明方式常用于空间较低的场所的普通照明。由于漫射光线能照亮平顶,使房间顶部高度增加,因而能产生较高的空间感。商场、服饰店、会议室等场所,常采用半直接照明来提高空间高度（图 3-137）。

3．间接照明

间接照明是指利用反射手法将灯光导出,光线经过反射后再照向照射区,光线的散布会更加均匀,也可以避免直接照明直射到眼睛时产生的视觉刺激等情况,是一种温和的照明手法。整体空间的亮度是借由材质表现反射或折射出来的,如整体光源亮度足够时也可营造出均亮的空间感。不过由于光线反射的损耗,相较于直接照明想要达到同样的照明亮度会更加费电（图 3-138）。

4．半间接照明

半间接照明方式,恰好和半直接照明相反,60% 左右的光通量射向天花,形成间接光源;10%～40% 的光线经灯罩向下扩散。这种方式能产生比较特殊的照明效果,适用于住宅中的门厅、过道等,通常在学习的环境中也采用这种照明方式（图 3-139）。

图 3-137　半直接照明

图 3-138　间接照明

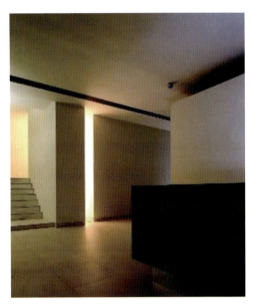
图 3-139　半间接照明

5．漫射照明

漫射照明方式是利用灯具的折射功能来控制眩光，将光线向四周扩散漫散。这类照明光线性能柔和，视觉舒适，适用于休息场所（图3-140）。

图 3-140　漫射照明

（四）室内照明灯具

在现代家庭装饰中，灯具的作用已经不仅仅局限于照明，更多的时候是起装饰作用。一个好的灯具，可以使空间增添几分温馨与情趣，因此灯具的选择在室内设计中非常重要。下面介绍几种室内空间设计中常用的灯具。

1. 吊灯

吊灯（图3-141）是悬挂在室内屋顶上的照明灯具。安装吊灯的时候，一定要确保有充足的空间，吊灯的悬垂距离地面至少要2.1m，举架较高的公共场所最好使用长杆式的吊灯。吊灯的造型、大小、质地、色彩对室内氛围有很大的影响，因为它将成为空间的主要照明，也就是主灯，所以在选取时必须与室内环境保持和谐。例如，在中式风格空间，应搭配具有中国古老气息的纸质宫灯；西餐厅宜采用欧式风格的吊灯，如蜡烛吊灯、古铜色灯具等；而现代风格的卧室，应该以几何线为主搭配简单明朗的灯具。吊灯可以分成两种类型：一种是单头，另一种是多头。单头吊灯一般都适用于厨房和餐厅，而多头吊灯一般都适用于客厅。

因为吊灯的种类比较多，所以在挑选的时候，不但要从美观高雅的角度来看，更要从实用角度来看，不要挑选带有电镀层的吊灯，否则电镀层会随着时间的推移而褪色。挑选水晶吊灯的时候，要将气候环境与灯具的保养以及维护问题都考虑进去。

2. 吸顶灯

吸顶灯是一种固定的照明设备，可直接装在吊顶上。吸顶灯可以分为两种：以白炽灯为光源的吸顶灯和以荧光灯为光源的吸顶灯。以白炽灯作为光源的吸顶灯，可以使用玻璃、塑料、金属等不同的材质，制作出不同形状的灯罩，常见的有方罩吸顶灯、圆球吸顶灯、尖扁圆吸顶灯、半圆球吸顶灯、半扁球形吸顶灯、小长方罩吸顶灯等；以荧光灯为照明光源的吊顶灯具，大多使用晶体花纹的有机玻璃罩或乳白色玻璃罩，外观多为矩形。吸顶灯一般应用在走廊、阳台、厕所、办公室、会议室、走廊等地方（图3-142）。

图3-141 室内设计吊灯的运用

图3-142 室内吸顶灯

3. 嵌入式灯

嵌入式灯字面上的含义是将灯具主体嵌入天花、墙面或是地面材料，使其主体部分隐藏或少部分可见，在正常情况下只能看到光源的一种灯具。区别于传统灯具的一室一灯，按照房间大小直接选择不同尺寸的灯。这类灯具可以更精细空间布灯,保证重点功能区域用灯需求的同时,提高灯光的照明效率。筒灯分为聚光型和散光型,聚光型多应用于需要局部照明的场所,如珠宝店、商场、货架等;散光灯主要用于酒店走廊、咖啡厅走廊等局部照明之外的辅助照明。常用筒灯规格如图 3-143 所示。在设计的时候,要注意到筒灯的嵌入空间,在安装筒灯的时候,预留出内插式结构的空间,充分考虑到筒灯开孔大小和高度对吊棚设计的影响(图 3-144)。如安装 4 英寸的直装单管筒灯,吊棚的高度至少要预留 160mm,才能确保筒灯内插结构能够顺利地进行安装;4 英寸的横插单管筒灯所需的吊顶安装尺寸要比直装筒灯类型小,通常为 100mm 左右。

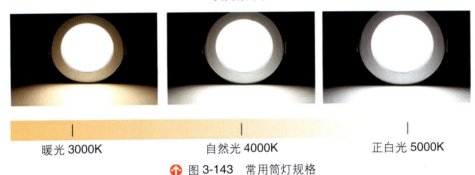

图片					
功率 /w	8	8	10	17	21
开孔尺寸 /英寸	105	125	150	175	200
	4	5	6	7	8
流明输出 /lm	600	600	800	1200	1500
规格尺寸 /mm	121×62	145×67	172×72	197×82	226×92

发光效果图

暖光 3000K　　自然光 4000K　　正白光 5000K

⬆ 图 3-143　常用筒灯规格

⬆ 图 3-144　嵌入式灯在室内的运用

4. 壁灯

壁灯造型丰富、款式多变,但照明不宜过亮,灯泡功率多为 15～40W,这样更富有艺术感染力。光线浪漫柔和,可把环境点缀得优雅、富丽、温馨。变色壁灯多用于节日、喜庆环境;床头壁灯大多装在床头上方,灯头可转动,光束集中,便于阅读。这些灯经常安装于墙壁,使平淡的墙面变得光影丰富,有很强的装饰性。壁灯安装时不宜过高,应略超过视平线,一般为 1.6～1.8m。同一表面上的灯具高度应该统一。镜前壁灯多装饰在盥洗间镜子上方,多呈现长条形状,一般用作补充室内的照明,壁灯的款式选择应根据墙色及整体环境而定。选择壁灯主要看结构、造型,铁艺锻打壁灯(图 3-145)、全铜壁灯、羊皮纸壁灯(图 3-146)等都属于中高档壁灯。手工制作的壁灯价格比较贵。

✚ 图 3-145　铁艺锻打壁灯

✚ 图 3-146　羊皮纸壁灯

5. 台灯

台灯主要用于局部照明，书桌上、床头柜上和茶几上都可用台灯，它不仅是照明器，又是很好的装饰品，对室内环境起美化作用。台灯按材质一般分为陶灯、木灯、铁艺灯、铜灯等；按功能分为装饰台灯（图 3-147）、护眼台灯（图 3-148）、工作台灯等；按光源分灯泡、插拔灯管、灯珠台灯等。在选择台灯的时候应该注意区别台灯的使用场所，如果重在装饰空间，可选用工艺用台灯；如果重在工作照明，则可选用书写用的护眼台灯。

图 3-147　装饰台灯

图 3-148　护眼台灯

6. 立灯

立灯又称"落地灯"，也是一种局部照明灯具，它的摆放强调移动的便利，对于角落气氛的营造十分实用，它常摆在沙发和茶几附近，作为待客、休息和阅读照明。时下流行的金属抛物线钓鱼灯（图 3-149）也属于落地灯，对于空间的塑造既有功能性，又有趣味性。

图 3-149　金属抛物线钓鱼灯

7. 射灯

射灯的类型很多,有夹式射灯、普通挂式射灯、短臂及长臂轨道射灯、吸顶射灯、壁画射灯。由于它们的外观精致,多用来营造效果和气氛,具有较强的装饰性,因此,通常被以不同的方式摆放在装饰性较强的场所(图 3-150)。

图 3-150　射灯

8. 天花射灯

在配光类型上属于直接型天花射灯,一般安装卤素灯光源,款式多样,占地面积小,广泛用于重点照明及局部照明,适合各类场所。选择时应注重外形档次和所产生的光影效果。天花射灯是典型的装饰灯具（图3-151）。

图 3-151　天花射灯

9. 轨道射灯

轨道射灯的位置以及照射方向可灵活调节,灯具能沿轨道移动,并且可改变投射的角度,是一种局部照明用的灯具（图3-152）。店铺陈列商品时常需要更新和更换位置,轨道射灯可以灵活调节,从而可以完美契合店铺陈列商品照明需求。轨道射灯已被广泛应用在商场、展览厅、博物馆等场所,以增加商品、展品的吸引力为主要作用。另外,壁画射灯、窗头射灯等也属于轨道射灯的范围。

图 3-152　轨道射灯

10. LED 灯

LED 是英文 Light Emitting Diode（发光二极管）的缩写，是利用注入式电致发光原理制作的二极管。它的基本结构是一块电致发光的半导体材料，置于一个有引线的架子上，然后四周用环氧树脂密封，起到保护内部芯线的作用。此种灯具有显著的节能效果，使用寿命长，内置驱动控制器，能产生整体灯光变化效果，并安装有特殊的散热设计，防护等级高、稳定可靠，除了能达到绿色环保，它还可以达到其他灯光所不能实现的大范围、大场景的照明，适用于建筑物及立交桥、广场、街道、车站、码头、庭院、舞台、室内空间及娱乐场所等（图 3-153）。

图 3-153　LED 灯

（五）室内照明艺术

1. 重视照明设计与室内色彩的融合

室内设计应以保障和谐性和协调性为设计宗旨，因为协调、和谐、放松的室内环境可以让人们真正愉悦身心，放松心情，享受室内环境（图 3-154）。因此，在开展照明系统的设计过程中，需要关注空间的整体色彩，保障灯光色彩的协调，确保整个室内空间的层次感更丰富多样，并展现出室内设计的匠心独具及对整个房间细节的重视。如从灯光视觉感知角度分析，若空间较为狭小，则可以加强对蓝色灯光的运用，让人们从视觉角度开阔室内空间；而对于以暖色调为主的房间，则可以加强对暖色灯光的运用，为人们带来更温馨的感觉，灯光的变换成为丰富室内空间搭配的重点组成要素。

2. 根据不同的空间布局进行合理搭配

在进行室内设计时，不同的灯光设计风格发挥出来的作用不同，但大多都可以起到分割空间的作用，满足人们对空间环境的不同需求。因此，可以根据不同的空间环境特征，科学合理地设计灯光照明。如客厅是家人和朋友聚会、沟通交流的重要娱乐场所，也是一个多功能的室内空间。在客厅的灯光设计过程中，除了需要满足基础的照明需求外，还要发挥出其美化环境的功能和对整个室内风格的装饰功能，通过层次不同、风格多样的灯光烘托出一种更亲切、友好的氛围。卧室作为人们日常休息的重要区域，也是一家人生活中的重要场所，因此在设计灯光时，需要根据人们对空间的使用需求，运用更多的暖色系灯光色彩，有效规避刺激性较强的大面积色彩运用，保障整个卧室空间的温馨舒适,为人们提供一个完善的休息空间。书房作为人们学习和工作的重要场所,灯光以清晰明快为主,越是狭小的书房空间,越应运用黄色的灯光,为人们带来更开阔的视觉,使其精神振奋,提高工作效率和学习效率(图 3-155)。

图 3-154　灯光产生让人放松的室内空间氛围

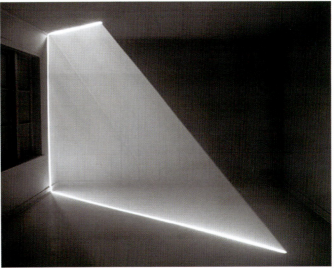

图 3-155　灯光可以加强空间感和立体感

3. 强化空间的视觉交点

空间中的形态能否突出成为视觉交点,除自身的材质、色彩、比例关系的对比外,还可以借助灯光的设计达到醒目、突出的视觉效果,而不依赖空间中的形态、色彩等的跳跃。例如,在一片较昏暗的环境中,一束强光就能将人们的视线引向这个亮点。在商业空间中,利用射灯的局部照明突出商品,使空间的主题突出,环境减弱,从而提高了空间形态的诱惑力(图 3-156)。利用直接照明、间接照明及其他照明方式是塑造空间视觉交点的重要手段。

图 3-156　灯光强化空间的视觉交点

4．光影效果与装饰照明

光与影本是摄影作品中对光线的完美追求，而在室内空间中的光影效果，除前面讲过的对空间感、体积感的塑造外，这里所说的光影，是光源投射到形态上所产生的光的效果，包含着光与影。如绿色植物，由上射光投影到室内顶棚上斑驳的阴影会构成室内空间界面生动迷人的视觉效果。无论是自然采光还是人工采光，都可营造这种艺术效果。例如，大厅空间的玻璃幕墙、钢骨架，在阳光照射下，投在墙面和地面上的阴影会产生丰富的视觉效果（图 3-157）。在室内空间的墙面上，人们经常看到优美的扇贝形光点，塑造了墙面上光的造型艺术，它不是以物质形态出现，而是以自身的光色作为造型手段，展现出迷人的视觉美感。

图 3-157　大厅光影与照明的视觉效果

5．注意整体性设计

首先，注重整体的宽阔性。在设计照明时，不同的设计手法带来的室内整体环境也不同。当从邻近区域照明时，周边的照明会更亮，显得空间更宽阔，尤其是周边色调以浅色为主时，整体空间的宽阔性更突出，看起来明亮有序。目前，在很多室内设计作品中，都使用到了开窗的设计办法，这样可以远离视觉目标，忽视空间的局限性。

其次，注重整体的严肃性。对于白炽灯管来说，设计为排列的方式，平行直射，灯光不偏离，可让人冷静，总体氛围更严肃。如医院的灯光设计以白炽灯为主，白炽灯可平复病患的心情。

最后，注重整体的放松性。在设计室内灯光时，多使用台灯、泛光灯、照明灯，即可达成这一目标。因为杂散光会形成不均匀的邻近照明，因此在设计中也可以隐藏光源，使用照度低的照明器材，多利用浅色的墙面。

第三节　陈设与绿化

一、室内家具与陈设

（一）室内陈设的含义

室内陈设是指对室内空间中的各种物品进行陈列与摆设，包括功能性为主的家具装饰和灯具装饰，还有观赏性的装饰陈设，另外织物、日用品、艺术品、工艺品、纪念品及个人收藏品、观赏性动植物也属于陈设的范围（图 3-158 和图 3-159）。

图 3-158　工艺品陈设

图 3-159　日用品陈设

（二）室内陈设的作用

各种陈设能赋予空间生机和精神价值，是室内装饰中不可缺少的一部分。陈设设计和其他空间设计手法不同，需要细腻的设计思维，它能起到加强空间、烘托室内环境气氛、强化室内环境风格、柔化空间、调节空间色彩的作用。同时能反映民族特色和个人品位，丰富社会交往，调节生活情趣，陶冶人的情操，是设计中最具趣味性的设计内容（图3-160）。

图3-160　陈设的艺术

（三）室内陈设的布置原则

陈设设计的布置原则就是探索空间家具和艺术作品的形式美法则。尽管因为生活环境、社会地位、教育背景、思想观念不同而产生一定的差异，但我们可以看到大部分人都有一种关于美或丑的共识，而这个共识的基础就是形式美的定律。不管是风格、色彩还是形状的搭配，都有其独特的审美手法，把握好这些搭配手法，有助于我们更好地把控室内环境的整体气氛（图3-161）。

图3-161　陈设品摆设与空间关系

1. 墙面陈列

通过垂直墙面来展示物品位置与整体墙面及空间的构图关系,常用成组陈列的方式与整体环境的构图相协调（图 3-162）。

图 3-162　墙面陈设

2. 台面陈列

通过各种水平表面摆放或者合理安置陈设品,此种陈设布局灵活,布置方便,秩序感强,组合变化丰富,多用同类色、局部对比色的方式与空间环境融合（图 3-163）。

图 3-163　台面陈设

3. 储藏陈列

使用分隔较多的储藏柜、橱架、书架等家具,摆放各种不同物品,一般局部是开敞形式的储分隔,大多数是带柜门的分隔,物体摆放不宜凌乱,还要注意橱架与其他家具以及整体环境的协调关系（图 3-164）。

图 3-164　储藏陈设

4．其他方式的陈列

还可以通过地面陈列方式（图 3-165）、悬挂陈列方式（图 3-166）和窗台陈列方式（图 3-167）等来处理。

图 3-165　地面陈设　　　　图 3-166　悬挂陈设　　　　图 3-167　窗台陈设

（四）室内陈设设计与文化

在室内空间艺术氛围的营造中，从空间环境到家具陈设的两个视觉设计阶段，设计师要运用物质材料、加工工艺组构成具有视觉意义的空间艺术形体，为人的视觉和触觉提供审美感知的形象和空间实体。

1．生存环境艺术化

人类的生存环境文化，涉及人的艺术化审美心理，并把它作为人的一个本能命题来看待，对于充分文明的社会来讲，人的创造永远是按照美好心愿进行的。

2. 生活方式意趣化

生活方式意趣化的审美需求,是人对生活的一种挚爱以及人的纯净审美心理的一种真实写照和表现。

3. 精神层面多样化

设计的精神层面是指凝固于物质层面和体现于技术层面的社会意识和设计者的文化素质与审美能力,实际上是对人的个性的弘扬。人类精神文明层面是多元化的,是由社会生活的复杂性决定的,是通过人的情感内涵和行为活动的内容体现的。人类情感层面是社会性的、复杂的,那么陈设设计必须在空间总体设计原则的基础上,充分运用人的联想、象征、借景等手法寄情于环境之中。

室内陈设是在室内空间设计和主体家具确定之后对装饰物品的陈列和摆设。当前,轻装修、重装饰已成为一种趋势,家居配饰作为陈设设计的一项重要内容,对室内效果有着举足轻重的作用。室内陈设能够创造意境,陶冶情操,丰富空间层次,烘托室内气氛,柔化空间效果,调节环境色彩,塑造室内风格,展现民族特征。

(五)室内陈设的注意事项

(1)室内陈设应与使用功能协调一致。
(2)室内陈设品形态、大小与室内主要家具尺度形成良好的比例关系。
(3)室内陈设的陈列布置主次得当。
(4)陈设品的色彩、材质应与家具装修风格统一考虑,形成一个协调的整体。

(六)室内陈设的布置

1. 墙面陈设

凡是可悬挂在墙上的物品都可采用,陈设品可采用钉挂、粘贴方式与墙面进行连接。墙面陈设一般以平面艺术为主,如书籍、绘画、摄影;或者是一些小的立体装饰,如壁灯、弓、剑等;还有一些陶瓷、雕塑放在壁龛中,用灯光装饰(图3-168)。墙壁的陈设往往与家具形成上下呼应,既可以采用更灵活的形态,也可以采用垂直或水平延伸的结构,形成整体视觉效果。墙面与家具的比例十分重要,墙壁上应该留有一定的空间,让视觉得以休息。但如果是占据了整面墙壁,那么就可以将其看作一种背景装饰。

图 3-168 墙面陈设

2. 桌面陈设

桌面陈设通常选择小巧玲珑、适于微观赏的摆件,并且可以随时随地进行灵活的更换。桌子上的日常物品常与家具搭配购买,选择与桌子相协调的形状、色彩和纹理,可以起到画龙点睛的效果(图3-169)。

图3-169　桌面陈设

3. 落地陈设

大型的装饰品,如雕塑、瓷瓶、绿化等,常落地布置,通常布置在大厅的中间,往往成为视觉中心;还可以设置在大厅角落的墙边或靠近大门的地方、走道的尽头等地方,作为重点装饰;同时具有分隔空间及引导人流的作用。但会占用一定的地面面积,一般情况下不宜过多落地,不应妨碍交通的通畅(图3-170)。

图3-170　落地陈设

4. 柜式陈设

数量多、种类多、颜色多的小陈设品,最好用分格分层的隔板、博古架或者专门的装饰性的框架来陈列,使其多而不繁，杂而不乱。排列得井井有条的书柜和书架组成色彩丰富的抽象图案效果，是一种很好的装饰品。壁式博古架应根据展品的特点，在色彩、质地上起到良好的烘托作用（图 3-171）。

◆ 图 3-171　柜式陈设

5．悬挂式陈设

悬挂式陈设多用于较为高大的空间，可充分利用空间，以不影响、不妨碍人的活动为原则，并可丰富空间层次，创造宜人尺度。通常会悬挂各种装饰物，如织物、绿化、金属雕塑、吊灯等，来补充大厅中的空隙，同时还能起到吸音或散射的作用（图 3-172）。

◆ 图 3-172　悬挂式陈设

二、室内绿化

（一）室内绿化设计的概念

室内绿化是指在室内环境中，将自然界的植物、山水等有关素材进行科学的组织和美化，使其创造出满足人们生理需要和心理需要的空间环境，更好地协调人与环境之间的关系。

崇尚自然，热爱自然，欣赏自然，是人的本性，人与自然的交流是生活中不可缺少的内容。随着生活水平的不断提高，居住条件不断改善，室内绿化已逐渐被人们所重视，足不出户便能接近自然，接触自然。通过绿化把生活、学习、工作、休息的空间变成"绿色的空间"，改善室内生活环境，满足人们接近自然、返璞归真的愿望和需求。室内绿化是将绿色植物作为材料来美化居室，它不仅具有强烈的艺术感，又可以给人们带来美的视觉享受。室内绿化设计不仅是简单的后期植物装饰，而且是人们运用技术与艺术手法，结合植物与各种装饰材料，在建筑空间中创造的一种回归自然、浓缩自然的氛围（图3-173）。

图3-173　绿化设计

（二）室内绿化的功能

1．改善室内环境

绿色植物经过光合作用可以吸收二氧化碳，释放氧气，而人在呼吸过程中吸收氧气，呼出二氧化碳，从而使大气中氧和二氧化碳达到平衡。在当前城市环境状况日益恶化的形势下，合理有效地利用好室内绿化，不仅能起到防暑、降温、保湿的功能，还可以净化空气，减少噪声，特别是能够减轻因室内装修产生的对人体有害的气体，有利于人体健康（图3-174）。

2．组织空间

现代室内设计中，绿化已成为空间组织的重要组成部分。不同的空间通过植物的配置，可以突出空间主题，并能对空间进行分隔、限定与疏导。比如在很多公共空间的中心处、入口处以及交通转折处等视觉中心位置都会放置一些醒目的、富有装饰效果的植物，以起到强化空间、突出重点的作用；在一些餐饮空间和办公空间，常利用绿化来分隔大空间，产生不同的小空间，使室内既有一定的间隔，又不会产生封闭感，保持了空间的通透顺畅；还有一些建筑物利用绿化由外部一直延伸至内部，起到了组织空间、引导方向的作用（图3-175）。

图 3-174　绿化有改善室内环境的作用

图 3-175　绿化的组织作用

3．满足人们的精神需求

热爱大自然及亲近大自然是人类的本性，尤其对于久居闹市的现代人更需要绿色，需要新鲜空气。植物是活的生命体，充满了生机，在室内布置绿化可以使人产生回归自然、返璞归真的感觉。特别是很多的居住环境都专门布置了小庭院，让渴望田园生活的都市人在繁忙过后达到身体和心灵的放松（图 3-176）。

4．美化室内环境

由于植物本身带有天然优美的造型和丰富的色彩，所以作为装饰性的陈设，它比其他任何陈设更具生命力和魅力。植物的形态和色彩可作良好的背景；有特色的植物还可作为室内的重点装饰；在室内如果有难以利用的空间，可以利用绿化加以装点；植物与其他的陈设相搭配，还可以增加室内的艺术效果（图 3-177）。

🔼 图 3-176 绿化的精神需求

🔼 图 3-177 绿化的美化室内环境作用

(三)室内绿化的运用

1. 室内绿化的选择条件

(1)室内物理条件要符合要求。植物的生长对室内的光照、空气、温湿度都有要求,所以在选择绿化植物的时候应选择季节性生长不太明显且容易成活的品种。

(2)室内绿化要符合室内的文化氛围。中国历史悠久,文化灿烂,很多植物会有一定的文化蕴涵,不仅从观赏上能给人以美的享受,在精神上也寄托着人们的情感和意志。比如梅、兰、竹、菊等植物都有一定的象征寓意,还有很多代表富贵、喜气的植物,根据不同的寓意选择不同的植物,既美化了环境,又可以体现使用者的性格和品位(图 3-178)。

🔼 图 3-178　室内绿化和文化氛围相结合

室内绿化要符合室内的空间条件。室内绿化的选择要根据不同的空间位置、空间的大小尺度以及色彩等方面进行选择（图 3-179）。

🔼 图 3-179　室内绿化和空间的关系

2. 室内绿化的形式

（1）按照装饰功能可分为观叶植物、插花、盆景。

① 观叶植物：原产于热带的潮湿、阳光不足的原始雨林中，具有一定耐阴性。适合在室内散射光条件下生长，是专供室内观赏的植物（图3-180）。

✤ 图3-180　观叶植物

② 插花：表现植物自然美的一种造型艺术，能给人一种追求美、创造美的喜悦和享受，一般分为鲜插花、干插花、混合插花和人造花插花。其特点是装饰性强，作品精巧美丽，而且可以长时间保存和利用。一般布置于会场、会议室、宾馆大厅等公共场所的重要位置，在家具装饰中也同样能起到画龙点睛的效果。

③ 盆景：是我国传统的优秀园林艺术珍品，它以树木、山石等为素材，经过艺术处理和精心培养，在盆中再现大自然神貌的艺术品。它具有较高的观赏价值和艺术价值，用于装点庭院，美化厅堂。在我国室内绿化中有着悠久的历史和重要的文化价值（图3-181）。

✤ 图3-181　盆景

（2）按栽植方法可分为单株栽植、组合盆栽、水栽、瓶栽。

① 单株栽植：室内使用最多最灵活的一种形式，一般选用观赏性较强的植物，姿态、色彩要求优美、鲜明，可布置在人流交叉的中心或空间的过渡、转换处（图3-182）。

图 3-182　单株栽植

② 组合盆栽：是人为地将同品种或习性相近的不同种植物栽植成一个花卉的复合体，配置要求疏密相间，错落有致，层次丰富，较之单株花卉更具观赏效果，是一种较经济实惠的艺术品（图3-183）。

③ 水栽：水生植物大多喜光，有水面配置、浅水配置和深水配置三种方式。水生植物不仅具有良好的抗污性，而且能创造一种生动、自然的水景，再配以人工照明和各种别致的容器，更能增加植物的神秘感和艺术感（图3-184）。

图 3-183　组合盆栽　　　　　　　　　　图 3-184　水栽植物

④ 瓶栽：是栽植在各种大小、形状不同的玻璃及透明容器中的植物。宜选择植株矮小、生长缓慢的植物，其最大特点是无土栽培，养护方便、摆放自由。它小巧、美观，是一种新型的花卉栽培法（图3-185）。

图 3-185　瓶栽植物

（3）按表现形式分为陈设、垂吊、壁饰和攀附。

① 陈设：即陈列式，是室内绿化装饰最常用和最普通的装饰方式，包括点、线、面三种方式。采用陈列式绿化装饰，应注意陈设的方式、方法和使用的器具要符合装饰的要求（图3-186）。

图 3-186　陈设植物

② 垂吊：在室内空间条件允许的情况下，结合天花板或灯具等固定物件，利用花盘或塑料盆将植物用悬绳吊挂。这种方式既可以充分利用空间，又可创造一种生动活泼的空间立体美感（图 3-187）。

图 3-187　垂吊植物

③ 壁饰：分为挂壁悬垂法、挂壁摆设法、嵌壁法和开窗法。壁饰装饰法形式灵活，不占用地面空间，使室内墙壁美化绿化。采用此种方法时，应注意植物的姿态和色彩要与墙面相协调（图 3-188）。

图 3-188　壁饰植物

④ 攀附：在种植器皿内栽上能盘绕攀附类的植物，使其形成一种上攀下垂、层层叠叠的效果。居室设计中使用，可以使室内气氛更加幽静典雅。选择时应注意选择容易在室内存活的植物（图 3-189）。

🔶 图 3-189　攀附植物

（四）室内绿化的布置原则

室内绿化的布置要根据不同的场所、不同的要求，采取不同的布置方式。

（1）重点装饰与边角点缀。处于重要地位的中心位置，如大厅中央以及处于较为主要的关键部位，出入口利用植物进行重点装饰，而处于一般的边角地带，如墙角边隅、楼梯背部等部位可以进行边角的点缀（图 3-190）。

🔶 图 3-190　重点装饰与边角点缀

（2）结合家具、陈设等布置绿化。绿化与家具、陈设、灯具等同为室内软环境的组成部分。室内布置上要根据室内装饰的风格特点选择与其相适应的植物，使其与室内环境相得益彰，成为有机整体（图3-191）。

🔸 图3-191 结合家具布置绿化

（3）组成背景、形成对比。植物除了自身所具有的生态特性，还有美化环境的作用，通过其独特的形、色、质，集中布置成背景，与其他物品形成对比（图3-192）。

🔸 图3-192 组成背景绿化

（4）垂直绿化。垂直绿化通常采用天棚上悬吊的方式，也可利用吊柜、隔板等进行布置。既可以充分利用空间，又可以增加绿化面积，而且可以形成一种灵动的艺术效果，在家居设计中经常用到（图3-193）。

图 3-193 垂直绿化

（5）沿窗布置绿化。沿窗布置绿化可以使植物充分接触到阳光，形成室内的绿色景观。通常采用小型盆栽进行布置（图 3-194）。

图 3-194 沿窗布置绿化图

室内绿化的常见品种如下。

耐阴植物：竹芋、广东万年青、春羽、包叶芋、虎尾兰、发财树、棕竹、千年木、白鹤仙、矮棕等。

半阴植物：国兰、蝴蝶兰、文心兰、鹤望兰、荷包花、球根海棠、马蹄莲、君子兰、杜鹃花、一品红、八仙花、仙客来、灯笼花、铁兰、花烛、五彩芋、美叶芋、一叶兰、银叶菊、白网纹草、手树、散尾葵、绿元宝、巴西铁树、富贵竹、锦鸡尾、翡翠珠、长寿花、白纹草、星点木、万年青、山茶花、红牡丹、橡皮树、鹅掌柴等。

喜光植物：矮牵牛、香雪兰、郁金香、风信子、菊花、瓜叶菊、非洲菊、叶子花、茉莉花、栀子花、米兰、百合花、朱顶红、含羞草、变叶木、苏铁、象牙球、山影、孔雀蓝、虎刺梅、石头花、佛手掌、酒瓶兰等。

垂吊植物：文竹、武竹、常春藤、吊金钱、吊兰、彩叶草、石莲花、扶芳藤、网纹草、龟背竹、玉羊齿、猪笼草、银斑椒草、天竺葵、冷水花、鹿角羊齿、紫叶草、旱荷、吊竹梅、蟹爪仙人掌、吊兰花、铁线蕨、长青花、富贵菊、合果芋等。

应根据不同空间选好相应的植物。室内绿化通常是利用室内剩余空间，并利用悬、吊、壁龛、壁架等方式布置，尽量减少占地面积。某些攀缘、藤萝植物宜垂悬以充分展现其风姿。因此，室内绿化的布置，应从平面和垂直两方面进行考虑，形成立体的绿色环境。

第四节　材料与构造

一、材料与材质的概述

1. 材料的定义

材料是人们从大自然中通过特殊的手段经过人工提炼合成的物质。材料相当于一块还没有雕刻的璞玉，是介于人工提炼的原料和加工成品之间的物质。就现在的社会发展和市场需要，我们大致把材料划分为两个方面：一方面是建筑材料，一方面是室内装饰材料。

（1）建筑材料。建筑材料是建筑工程中必不可少的元素，它是构成建筑骨架的"基石"。充斥在建筑实体中的每一个部分。建筑材料从功能上可分为两大类：一类是结构材料（图3-195），一类是饰面材料（图3-196）。随着新型工业的不断发展和人们对建筑材料认识的不断提高，这种界定已经不再泾渭分明，在某些特定的场景下，部分结构材料也可以充当饰面材料使用，突破了规定界限，具有双重的建筑功能。

图 3-195　钢筋混凝土结构材料

图 3-196　玻璃饰面材料

（2）室内装饰材料。室内装饰材料的目的便是对建筑室内进行装饰，而丰富的饰面材料极大地增加了室内的美感。在此期间，不仅使室内的功能逐步完善，还满足了人们享受生活的欲望。我们不得不承认"材料是塑造视觉形体的物质媒介"（图 3-197）。

图 3-197　室内装饰材料

从时间维度来看，材料分为传统材料与现代材料，传统材料主要有土、木、砖、瓦、石、竹等；现代建筑材料主要有水泥、钢铁、涂料以及对传统材料二次加工而成的材料，如胶合木、瓷砖等。其材料构成建筑实体之外的物质属性，还被赋予了非物质属性的意义。材料的物质属性是指材料作为一种基本物质的物理化学特征以及材料本身传达出的视觉感受，如强度、耐火性、色彩、肌理等，其直接决定建筑设计的表达效果。而材料作为建筑的物质载体，必须能够将人、场所、时间、文化等要素联系起来。材料的非物质属性就承担着任务，如木材代表亲和，瓦材象征着传统。我国地域辽阔，各地都呈现出不同的特色，有着不同的地域文化，传统材料的取用受到客观条件的限制，材料自身就可以表达出本土的特色，例如，四川的竹材、黄土高原的土石等。传统建筑材料都是取之于自然，体现出自然，都能与自然达到和谐的状态。其色彩与质感等特点更加贴近自然，没有现代材料的冰冷之感。此外，传统材料背后所包含的传统建造技术与构造方式也随着材料传承下来（图 3-198），它们会在现代建筑语言下获得新生。

图 3-198　传统材料的技艺传承

2. 材料的性质

材料自身具有自然美,蕴含着潜在的物理价值。我们对材料进行剖析和研究,经过大量的实验总结出了材料本身具有的性质,一方面是材料的物质性,另一方面是材料的人文性。

(1) 材料的物质性。所谓材料的物质性其实就是材料在物理及化学方面的规范种类。在化学方面,根据材料的有机成分和生产过程,可以分为纯天然材料和人工合成材料;在物理方面,我们普遍把常见的装饰材料分为两种:一种是金属性材料,一种是非金属性材料。而金属性材料常见的又可以分为无色金属(即黑色金属)(图3-199)和有色金属(图3-200)。

图3-199 无色金属

图3-200 有色金属

(2) 材料的人文性。材料的人文性通常建立在物质性的基础上(图3-201)。它是依赖材料物理方面所表现出的状态而在人的精神层面所产生的反应。比如,黑色和灰色会让人觉得深沉,红色会让人情绪热烈。依照这种现象,人们对不同的物质性特点会产生共鸣,这便是材料人文性的体现。

图3-201 材料的人文性

3．材料和美

（1）材料的天然美感。材料的天然质感使其本身具有天然美感，这种天然美感是指在没有经过搭配加工时便具有的。从现实的角度出发我们知道，材料物质性的表现往往影响着人们对事物的看法。它的感染力是天然形成的，不会随着人们主观意识的改变而改变。

（2）材料的感知方式。在设计之初，因为人要作为设计的主导，所以一切的设计都要从人本身的特性上考虑。人是依靠感官感知外部世界的，在此期间便产生了视觉、触觉、嗅觉、听觉、味觉。根据材料自身的物质性质，我们在对材料进行接触感知的时候便要依靠视觉、触觉、嗅觉。在这方面，味觉和听觉的应用相对少一点。

① 视觉。视觉在我们感知世界的过程中起着重要作用。有研究表明，视觉接受的信息量占人们所接受信息的85%以上。人们可以通过视觉直观地认识材料的物质性质（图3-202）。视觉可以主动地捕捉事物细小的变化，并且可以大范围地对外界事物进行感知。

图 3-202　视觉对材料的感知

② 触觉。触觉其实是将感知的事物抽象地传达到大脑之中，它可以很好地感知事物细小的结构及事物所处的状态，并且可以很好地感受环境的变化。如锯齿形触感给人紧张、亢奋和抵触感，容易激起人的自我保护机制（图3-203）。一些表现现代主题、科技等风格的主题场景会利用锯齿形打造一种先锋、独特的感觉，给顾客留下深刻印象。圆形物品的触感给人感觉和谐、圆满，带有很强的亲和力以及灵活的移动性（图3-204），适合婴童、老人以及缺乏安全感的年轻人，因此在一些母婴场景中可以被广泛利用。

图 3-203　齿轮形触觉感知　　　　　　　　　　图 3-204　圆形触觉感知

（3）材质的表现形式。说到材质的表现形式，就要结合它的物质性质进行分析。根据材料所具有的特殊物质性质，可以将材料的表现形式归纳为以下几种，即色泽、纹路、明暗、色彩、形状、大小、光滑或者粗糙、温暖或者寒冷、柔软或者坚硬等。以上这些材料的表现形式，通过人的感知方式会在心理上反映出安全、紧张、高兴、温暖等情感（图 3-205）。

图 3-205　材质的表现形式

（4）材料美的体现。其实材料的美感是基于材料本身的质感和人特有的感知能力。虽然每个人都是一个独立的个体，但是在情感认知方面是有共同性的。所以相同的材料给不同的人看会产生相同的情感。而人们在对这种情感追寻的过程中便产生了美。比如纯色的木质材料就会给人温暖的感觉（图 3-206），金色的金属材料就会给人雍容华贵的感觉（图 3-207）。

图 3-206　使用纯色的木质材料的室内设计　　　　图 3-207　使用金色的金属材料的室内设计

4．室内空间材质设计的方法

室内空间的材质设计基础是众多材质的相互搭配，集合现有的空间设计方法，在满足功能的情况下根据用户心理来合理地进行材料搭配。在设计时要遵循设计的整体性、实用性、目的性、美观性、舒适性。经过对材料色泽、明暗、肌理、纹路、质地的合理搭配，使得设计具有合理的节奏韵律，以此来达到室内设计美的要求。

二、常规装饰材料及其应用

1．木材

追溯我们国家的建筑发展史可以发现，木材在建筑设计上的应用几乎和历史一样悠久，可以说它是我国最老的建筑材料。在古代木质建筑充斥着人们的生活，无论是王公贵族还是平民百姓，因此，形成了我国独有的建筑风格和建筑体系。木材因为自身特有的深棕色和黄色色调，加上自然的纹路和肌理。使得木材给人以亲切、温馨、安全的美感。同时因为木材摸起来质地软硬适中，使得木材自身的可塑性得到增强，并且因为部分木材所具有的特殊香气，受到了大部分人的喜爱（图3-208）。

✦ 图3-208　木材在室内装修中的运用

2．石材

石材作为家装建筑材料之一，具有回归自然、返璞归真的装饰效果，其独特的纹理和丰富的色彩备受人们喜爱。石材从纹理、质感、色彩等方面带给人们视觉、心理、情感等不同的体验，人们通过灵活利用石材进行不同组合以营造各具特色的空间装饰效果（图3-209）。

✦ 图3-209　石材在室内装修中的运用

3. 钢材

钢材作为现今金属材料的代表，一经出现便被广泛地应用。虽然不具备木材与石材那样悠久的历史，但是它依靠自身的可塑性和坚硬的特点在如今的建筑行业起着主导的作用。钢材因为自身具有的坚固性和可塑性，加上本来的明亮色调及平整流畅的线条，给人以坚强、简约、深沉的美感。现代的装修风格中，不可缺少的就是金属类的装饰材料，金属的质感和光感在装饰效果中体现出的气质和气息是不可替代的，会给业主带来意外的惊喜和质感（图3-210）。

图3-210 钢材在室内装修中的运用

4. 玻璃

玻璃是一种质地坚硬而脆的透明物体。一般用石英砂、石灰石、纯碱等混合后，使其在1550～1600℃高温下熔化，成型冷却后制成。玻璃在光线射入后，一般会产生透射、反射、吸收。玻璃抗压强度高，抗拉、抗弯折性很小，外力作用下易碎（图3-211）。

图3-211 玻璃在室内装修中的运用

5. 织物

随着近代手工业和纺织业的发展以及玻璃的广泛应用，使得织物在现代室内设计起着重要作用。装饰织物是指以纤维纱或线等为原料（图3-212），经编织工艺制成的绸、布、呢子、地毯等装饰材料。织物由于其柔软舒适的手感、丰富的颜色和美观图案，在建筑装饰工程中如果运用妥当，可以成为渲染室内气氛的点睛之笔。

图 3-212　织物在室内装修中的运用

三、新材料的开发

随着现代技术的日新月异，各种新型材料正逐渐应用到室内设计中，不断改变着人们的审美观念，更是品质生活方式的艺术演绎。以下介绍几种目前较为常见的室内设计新材料。

（1）透光混凝土（图 3-213）。根据不同的透光率、表面纹理、导光材料等，可制成不同的透光混凝土板材，再结合灯光的变化，会呈现出不一样的美感，有其独特的装饰效果。透光混凝土使用范围也较广，建筑、室内、景观等都可以使用。

图 3-213　透光混凝土在装修中的运用

（2）玻璃砖（图 3-214）。用透明或颜色玻璃制成的块状、空心的玻璃制品，或块状表面施釉的制品。玻璃砖其实一直是材料界的一股清流，在建筑室内外设计中均被广泛采用，其具有高透光性和选择透视性，不仅绿色环保、隔音隔热、防尘、防潮、防结露，而且抗压强度高、抗冲击力强、安全性能高。在空间设计中通常作为墙体隔断、屏风使用，它半透明的效果在保证了私密性的同时，还能用来装饰遮挡和分割空间。

（3）微水泥（图 3-215）。这是近几年在欧洲快速兴起的新一代表面装饰材料，主要成分是水泥、水性树脂、改性聚合物、石英等，具有强度高、厚度薄、无缝施工、防水性强等特点。微水泥可应用于地面、内外墙面、家具、橱柜表面，也可以做到顶面、墙地面一体化的效果，正好弥补了对于个性装饰效果的表达，特别是在现代、极简风格中表现得更加淋漓尽致，有效提升了设计的整体性。而由于微水泥的耐磨、防潮、环保特性，取代传统的瓷砖，用在卫生间的天花、地面、墙上，个性化较强，别具一格，其高级、朴素、自然美的特征完美诠释了侘寂美学。近些年侘寂风也十分流行，各种混凝土、水泥质感也在家装空间中频频出现，而微水泥就是可以打造出客户想要的水泥质感墙地面的一种材料。

图 3-214 玻璃砖在装修中的运用

图 3-215 微水泥装修运用

微水泥的特性如下。

① 防水，防火性能好。

② 耐久性好，耐磨性能好，超强附着力。

③ 防滑，且表面无缝。方便大面积地快速施工。

④ 质感好，大大提升了空间的品位与美感。

（4）水波纹不锈钢（图 3-216）。这种材料具有很高的装饰性。这种材料实际上不是新出现的，但在过去两年中又出现了一次应用高潮，在很多项目中都可以看到，特别是一些商业空间，例如酒店和餐饮，频繁运用不锈钢水波纹板作为天花板和其他区域的装饰点缀，不锈钢的特殊质感使空间在视觉上更加丰富。

（5）PU石材（图 3-217）。PU的中文释义为聚氨酯，全称为聚氨基甲酸酯，是主链上含有重复氨基甲酸酯基团的大分子化合物的统称。它是由有机二异氰酸酯，或多异氰酸酯与二羟基，或多羟基化合物加聚而成的聚氨酯材料。它的用途非常广，可以代替橡胶、塑料、尼龙等产品。由于原材料的属性，且PU石材的合成并未加入过多的人工材料，可以用于室内几乎任何干的平面基材上，直接安装时间和整个项目所需的时间段远远少于传统的文化石产品的安装时间。由于采用高科技材料制作而成，质量轻，不需其他机械的协作，可由单人完成安装。

图 3-216　水波纹不锈钢在装修中的运用

图 3-217　PU 石材在装修中的运用

PU 石材的特性如下。

① 由于原材料的属性，PU 石材的合成并未加入过多的人工材料，所以非常环保。

② 由于采用高科技材料制作而成，质量轻，可由单人完成安装。

③ 产品采用高分子材料组成，并喷涂多层高强度涂料，具有耐酸、防晒、抗紫外线、耐久的性能。

④ PU 石材为内卡结构，有舌头边、满槽和预留缝，可直接用螺丝和枪钉来完成安装。

（6）岩板（图 3-218）。岩板是由天然石粉、长英石等天然原材料，经特殊工艺，借助万吨以上压机压制，配合 NDD 技术，经过 1200℃ 以上高温烧制而成，能够经得起各种高强度加工过程的超大规格新型石材类材料。纯天然的选材生产过程中无任何毒害和污染物质释放，其本身可以简单地碾碎并回收，100% 可循环利用，彻底遵循可持续发展的绿色环保理念。

岩板的特性如下。

① 硬度达到 5 级以上，极具耐磨性能。

② 抗冻特性，耐 -80℃ 低温，能抵抗寒冷天气，毫发无损。

③ 防火等级属 A1 级。

④ 高度致密性，具备独立纳米保护层，5 级耐污表面处理，污渍无法渗透。

⑤ 岩板厚度从 3mm 到 20mm 不等。即使最薄的岩板硬度也很高，硬度大，抗冲击。

图 3-218 岩板在装修中的运用

⑥ 岩板可进行钻孔、打磨、切割等深加工,可塑性强。

(7) 莱姆石(图 3-219)。莱姆石属于天然石灰岩,由几亿年前海底下的岩屑、贝壳、珊瑚及其他海洋生物冲击、融合,又历经长期的地壳碰撞、挤压而最终形成,有灰、灰白、灰黑、黄、浅红、褐红等色。莱姆石还享有另一个高贵的名字"生命之石"。莱姆石根据颜色可以大致分为白色莱姆石、灰色莱姆石、棕色莱姆石、米黄色莱姆石、黄色莱姆石。

图 3-219 莱姆石在装修中的运用

莱姆石的特性如下。

① 莱姆石属于天然石材,是无辐射、绿色、环保的建筑材料。

② 莱姆石能有效地调节室内湿度,它的高蓄热性能又可吸收热量然后释放,具有吸湿、吸热的功能。

③ 莱姆石的硬度虽然很高,但却没有弹性,容易在碰撞中出现裂痕。

④ 莱姆石的面积一般都不大,在应用过程中常常会受到尺寸的限制。

⑤ 莱姆石的成分是碳酸钙,表面有细密小孔,容易吸附污渍,藏污纳垢。

练习题

1. 人机工程学在室内设计中的作用是什么?
2. 室内空间分隔方式有哪些?
3. 现代室内空间有哪些新材料与工艺?
4. 室内空间设计中如何有效利用空间进行界面设计?

第四章 室内设计实践案例

学习目标

应用多媒体软件、制图软件完成各类室内空间专题设计方案,在设计过程中能够与团队成员密切合作、有效沟通,能够互相配合展示调研或设计成果。

课程思政

知识单元	教学方法	课程思政映射点
室内设计实践案例	案例教学法	将人文关怀、以人为本、空间公平等理念运用到设计实践中,培养学生建立和谐社会的主人翁精神,增强学生的职业责任感

第一节 居住空间室内设计

一、课程要求

(1)课题介绍:据国家统计局调研显示,地产黄金十年积累了不少住房库存,为家装行业奠定了产值基础。而家装消费者趋于年轻化,对设计风格与定制化要求更高,使得家装行业向全产业链发展。本课题基于家装行业动态研究居住空间室内设计,以全流程设计方法进行方案设计,从而满足居住者使用需求。

(2)训练目标:通过居住空间室内设计,使学生明确室内设计的含义、目的与原则,认识、理解室内设计与建筑、环境之间的关系,系统掌握室内设计的内容、分类、设计原则与方法、构成要素,能够正确运用设计方法。

(3)教学方式:讲授法、案例教学法、研讨法。

(4)作业要求:实操训练、各类图纸表达、模型分析。

二、设计案例

(一)项目介绍

项目位于湖北省武汉市洪山区福心誉东湖城4期,建筑面积126平方米。业主李女士和王先生周一到周五外出工作,李女士热爱生活,喜欢养花和朋友聚会;王先生晚上上班,白天休息,喜欢养宠物和喝茶。女儿小王是一名大学生,在外地上大学,寒暑假在家,喜欢看电视、玩音乐、朋友聚会。小王的外婆是一名退休人员,常住在家里,喜欢打麻将和看电视。这是一个三代同堂的家庭,各有各的生活习惯,但还是喜欢生活在一起,喜欢充满回忆的家。

(二)建筑环境

户型(图4-1)整体呈正方形形式,南北通透,采光充足,每个功能区域分界线明显,动静分离。房间和客厅与走廊相连接,不会相互干扰,室内隐私性得到保障;过道居多会占用室内面积;走廊区域多。客厅采光点在阳台上,会受晾衣影响。

图4-1 户型图和现场图

(三)设计构思

后疫情时代下的居住空间,本项目更加提倡节约、高效、安全、灵活的多功能空间设计思路,优化升级了空调新风过滤换气系统和干湿分离的智能化家居设施智能空间设计。

因为平时小王外婆一人在家,本项目要考虑家具的智能化和动线最优化。三代同堂的家庭,成员有各自的爱好和习惯,同样需要互相沟通和融合,在空间分布上更需要考虑动静结合(图4-2)。考虑到户主和女儿都有朋友聚会的要求,在设计时需要注意访客动线和居住动线。

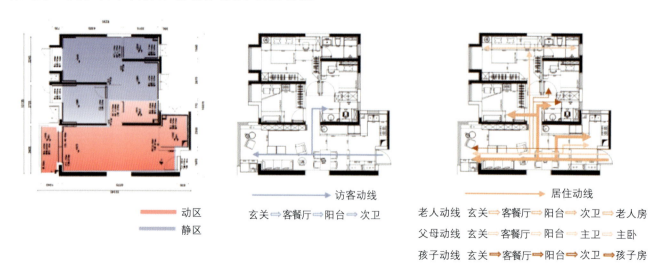

图4-2 动静图、访客动线和居住动线

(四)设计方案

根据设计构思,首先将功能体块化,主要分为12个区块(图4-3)。

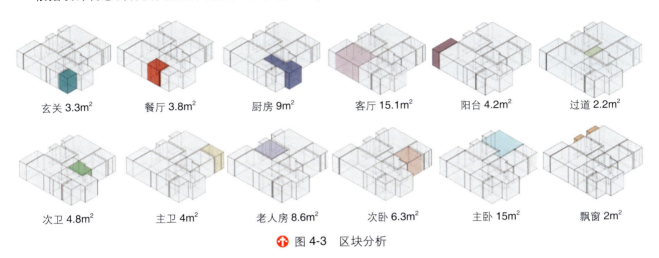

图 4-3　区块分析

开放空间采用横厅布局,让横向空间拥有更大的自由,打造可生长的空间,同时将自然景致和天光最大限度地引入空间。入户门贯穿到阳台,以玄关、厨房、餐厅、客厅的整厅概念进行整合设计,通过灵活的隔断和组合家具形成开放式厨房,满足多人使用及多人聚会的餐厅。在外婆烹饪过程中,同时满足其他人帮忙煮饭及喝茶的活动,这样可以减少老人的孤独感,同时也满足了户主聚会的氛围感(图4-4)。

图 4-4　平面图和地面铺砖图

阳台、客厅、主卧、客卧采用实木地板通铺,厨房采用防水实木地板纹路瓷砖,卫生间采用600×600mm的素灰色微水泥防滑瓷砖。

设计主题为"聚",主要传达共性与个性的交融,用曲线的设计手法,灵动且不泛滥,打破规整,带来沟通与碰撞。从大自然中汲取灵感,大面积使用温润自然的木皮,营造自然质朴的空间感受。整个空间被浅色系包围,弧面、弧形、拱形的使用弱化了平直的线面穿插感,从视觉上传递出柔和、自然的感觉。

材质搭配上运用艺术漆、木制品、藤编、石材、亚麻的材质搭配,其艺术漆的肌理和质感浑然天成、细腻自然,给人带来平静感,也会更贴合人的各个感官(图4-5)。

图4-5　平面图和地面铺砖图

客厅设计(图4-6)中,映入眼帘的木纹色系的柜体平衡着客餐厅的空间。左侧包容了一家人休息、嬉戏、放松的空间。设计师从空间造型到软装搭配都以柔美为主,造型墙的虚实结合使空间更加灵动。弧线的温柔磨平了岁月的棱角,造型墙的空格里激迸出繁星点点,木纹理是大自然对岁月的洗礼,与微水泥结合后温润了空间,跳跃的色彩家具点亮了空间的活跃。洄游动线将客厅、多功能区、餐厨区串联起来,赋予了整个核心功能区活力,达到空间利用的最大化,形成了独特的空间气质。不同的功能区之间得以相互借景,让心灵随着步移景异的空间转换而逐渐安静,沉浸于一片优雅从容的美妙境地。

图4-6　客厅效果图

餐厅设计(图4-7)由玄关门户远眺客厅,使得这个空间多了几分灵动与趣味性。餐厅和厨房采用半一体的方式,在功能使用和餐厨收纳上更加丰富和多元化。材质使用上与客厅一致,做到视线上的统一。没有烦琐的结构造型,在丰富功能性的同时,在材质和柜体造型上加以点缀,木色餐座结合藤编座椅。

卧室设计(图4-8)选择了弧形的空间结构和自然的美学质感,营造出质朴、舒适、惬意的栖居氛围。床与床头采用一体化设计,轻盈美观;右侧定制悬空桌面,增添了储物功能,与卫生间相连通也方便女主人洗漱化妆。依据衣柜进深,定制嵌入式壁龛柜,多层储物格,满足收纳需求,合理利用空间,做到美观与实用性兼得。

第四章 室内设计实践案例

图 4-7 客餐厅效果图

图 4-8 卧室效果图

三、学生作品赏析

学生作品赏析如图 4-9 ～图 4-11 所示。

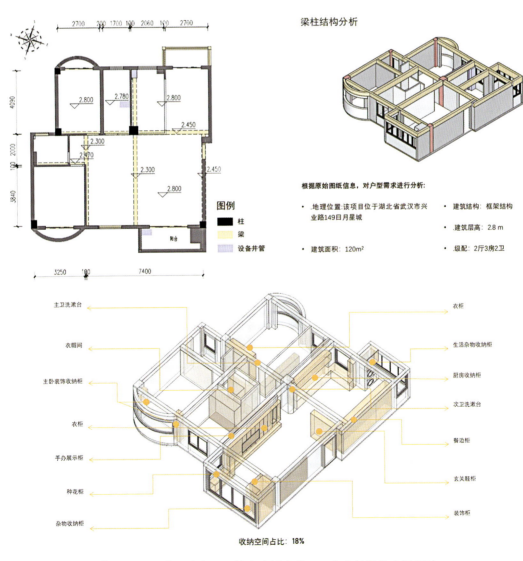

图 4-9 浅观木色——静宜生活中的四口之家的居住空间设计

室内设计原理

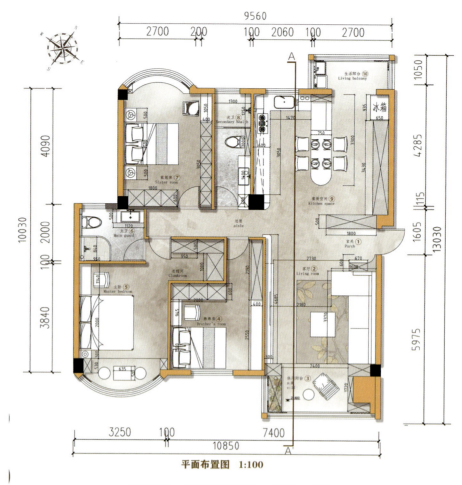

平面布置图 1:100

1.进门玄关 2.客厅 3.休闲阳台 4.弟弟房 5.主卧
6.主卫 7.姐姐房 8.次卫 9.餐厨空间 10.生活阳台

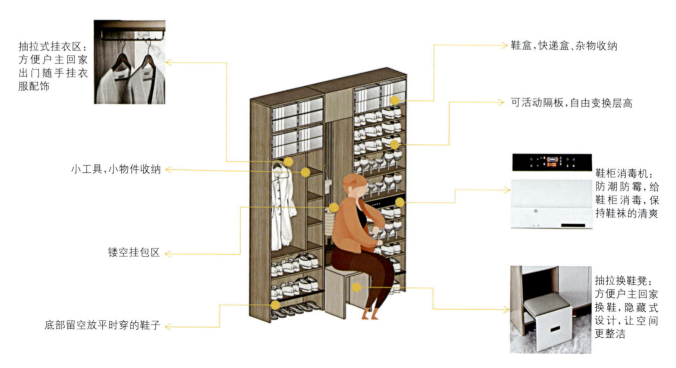

抽拉式挂衣区：方便户主回家出门随手挂衣服配饰

小工具,小物件收纳

镂空挂包区

底部留空放平时穿的鞋子

鞋盒,快递盒、杂物收纳

可活动隔板,自由变换层高

鞋柜消毒机：防潮防霉,给鞋柜消毒,保持鞋袜的清爽

抽拉换鞋凳：方便户主回家换鞋,隐藏式设计,让空间更整洁

图 4-9（续）

第四章 室内设计实践案例

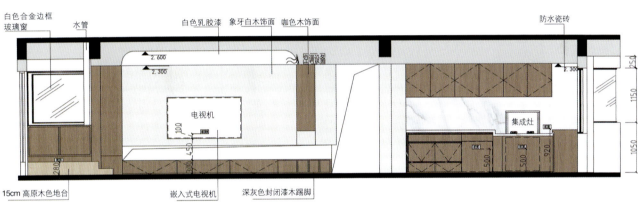

图 4-9（续）

剖面图

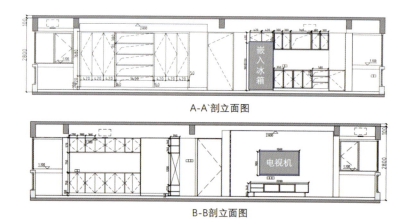
A-A`剖立面图

B-B剖立面图

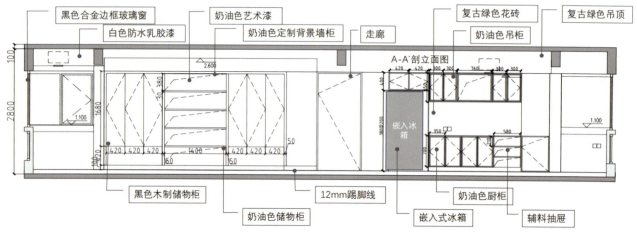
方案初模

深化立面设计

✿ 图 4-10　回归——注重品质生活和氛围感的三代居

第四章 室内设计实践案例

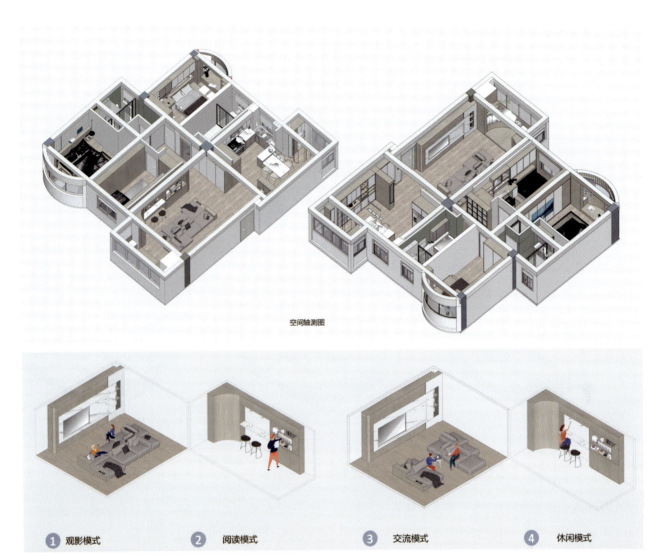

空间轴测图

① 观影模式　② 阅读模式　③ 交流模式　④ 休闲模式

图 4-11　草木之源——慢节奏的"二孩"之家的居住空间设计

第二节　酒店民宿空间室内设计

一、课程要求

（1）课题介绍：通过酒店及民宿设计项目课题，着重探讨空间设计与非遗文化的传承。结合市场情况及工程的实际要求，合理地布局、设计酒店的相关空间，并且能根据不同的环境和要求设计出切实可行的、有文化内涵和有风格特点的酒店及民宿设计方案。

（2）训练目标：通过酒店空间室内设计，使学生明确室内设计的含义、目的与原则，认识、理解室内设计与建筑、环境之间的关系，系统掌握室内设计的内容、分类、设计原则与方法、构成要素，能够正确运用设计方法。

（3）教学方式：讲授法、案例教学法、研讨法。

（4）作业要求：实操训练、各类图纸表达、模型分析。

二、设计案例

（一）项目介绍

某顶层酒店位于武汉市某区某大厦，是一个新中式风格的主题酒店。项目注重以现代的装饰手法与古典中式的云纹元素相融合，将时尚与古典的柔媚结合来呈现亦古亦今的空间氛围，营造出富有层次的空间体验。

（二）建筑环境

区域现场有较多的柱体，对于室内分隔有一定影响（图4-12和图4-13）。电梯厅属于整栋楼的竖向交通，为保证该空间的私密性，该区域的电梯不能到达该楼层。而独立电梯作为顶部两层竖向交通。

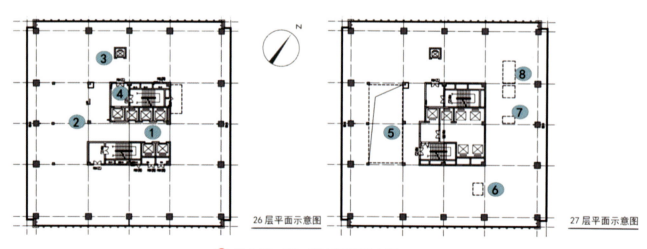

图4-12　26、27层平面示意图

（三）设计构思

现代装饰手法是在老房子内做现代装饰。如果没有结合建筑自身条件，没有充分结合传统"老"建筑的美感，结果往往不尽如人意，这也成为现今社会的普遍现象。本项目位于现代办公楼的顶部两层，室内装饰以中国古典禅意与蕴意为中心，将室内、室外及建筑本身进行整合设计，将中国传统的建筑装饰语言与建筑本身有机融合（图4-14）。

图 4-13　原始空间图

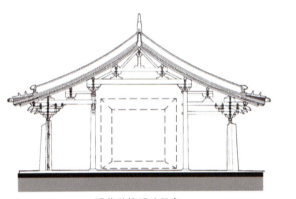
现代装饰手法示意

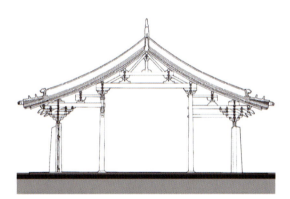
方案概念示意

图 4-14　现代装饰手法与方案概念示意

　　本方案的核心设计思想就是环境艺术设计不仅局限于传统定义的室内空间,而是与建筑周边环境、建筑、室内、景观、陈设及设备等人们活动的覆盖空间的融合与统一,达到精神境界与装饰视觉、触觉的统一,以及装饰语言与独特的企业文化的统一(图4-15)。传统装饰手法重点在于室内天花、墙面及地面的图案,通过不同材料、色彩、肌理产生丰富的视觉效果。但是具象化的装饰图形时间久了容易被时代逐渐淘汰,而过分的平面化设计也容易忽视室内空间的合理分隔与利用。随着美学与装饰设计的发展,现代装饰也逐渐开始重视室内空间的有序利用,既保证了功能的要求,又丰富了空间变化。

　　如图4-16所示,空间示意图在室内空间的设计上充分考虑了功能的使用需求和人的精神感受方面的需求。宽而广的空间使人产生侧向广延的感觉,利用这种空间可以形成开阔、博大的气氛;空间示意图二中两个大空间之间的连接空间较为狭窄,通过空间的对比,使人通过走廊后产生了豁然开朗、眼前一亮的感受;空间示意图三中,室内空间的一层高度为5.4m,二层高度为3.6m,将建筑语言运用到室内空间,营造出近9m的中空空间,并利用传统柱廊使人产生向上的视觉感,营造出崇高并富有企业文化的独特艺术感染力。

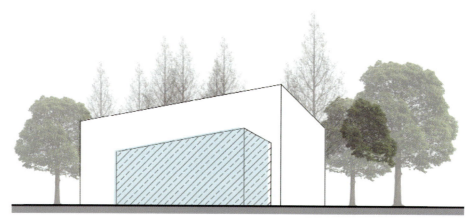

图 4-15　方案概念示意

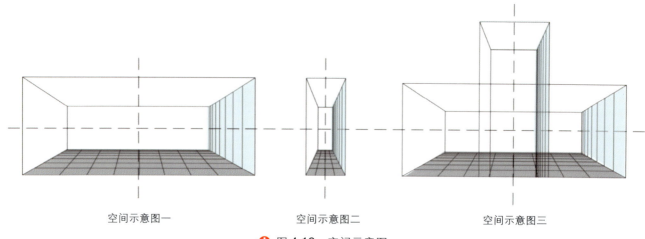

空间示意图一　　　　空间示意图二　　　　空间示意图三

图 4-16　空间示意图

充分利用美学疏密节奏的韵律，各组成部分按一定节奏交织穿插而形成。各装饰要素一隐一显，表现出有组织的变化，既强调了整体统一性，又可以求得丰富多彩的变化（图 4-17）。

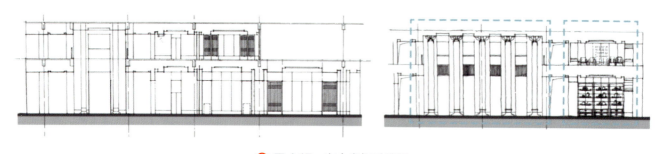

图 4-17　室内空间手绘图

（四）设计方案

本方案功能主要以公共接待、展示为主，对室内空间进行了自由灵活的分隔，合理组织空间，被分割的空间之间户型穿插贯通，没有用墙面将各个空间完全分隔。接待空间利用短墙、柜体、屏风、龛等进行划分，做到虚实结合、灵活畅通，却不失私密性（图 4-18）。

而对于洽谈、休闲健身、客房空间注重空间分隔的私密性。其交通流线理念源于中国经典古建特点，对外相对封闭，对内开敞，并随着情况的不同而灵活多变，既能保证功能要求，又可以丰富空间变化，达到空间的整体与统一（图 4-19）。

图 4-18　二十六层平面布置图

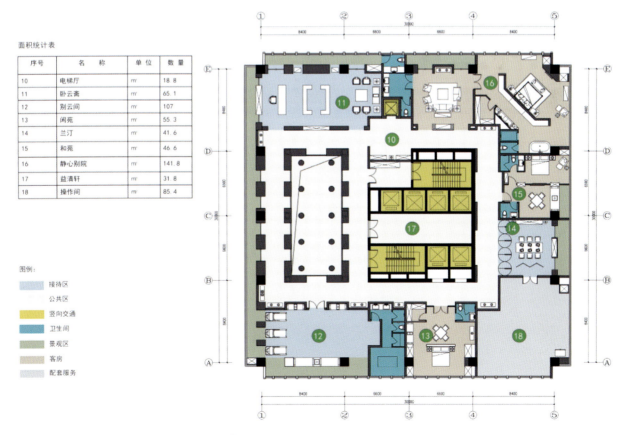

图 4-19　二十七层平面布置图

普通套房空间部分采用原木材质，中式风格的古色古香与现代风格的简单素雅自然衔接，使生活的实用性和对传统文化的追求同时得到了满足（图 4-20）。

图 4-20　普通套房室内设计

总统套房空间将中国画的绘画元素运用到设计之中（图 4-21）。套房在色彩方面秉承了传统古典风格的典雅和古朴，但与之不同的是加入了很多现代元素，呈现着时尚的特征。风雅吴地，水墨江南，留下无数文人墨客的行踪，也留下人们印象中的一幅浓淡适宜的水墨长卷，在静谧中感受古朴，触摸传统文化的质感。

图 4-21　总统套房室内设计

"窗外皆连山,杉树欲作林",在这有雨、有林的环境中,完全模糊了"园"与"院"、"内"与"外"的界限,淡化了"老"与"新"的概念,塑造出新的空间秩序。酒店包厢的平面布局以传统园林的手法为出发点,用花格窗做隔断,漏而渴望,一方面应采光之需,另一方面符合苏州园林设计中分割与沟通的同一的设计手法,用餐时提供了优质服务的餐饮环境。用建筑聚落及园林景观手法去反映会所室内空间的命题。空间构思、意境营造紧绕自然为主题,把较为单纯的室内功能空间加以划分,并赋予聚落建筑的空间形式。建筑物之间更多的是建筑景观的设计语汇,运用灯光、借景等手法,营造"曲径通幽"的效果(图4-22)。

图4-22 包厢室内设计

三、学生作品赏析

学生作品赏析如图4-23～图4-25所示。

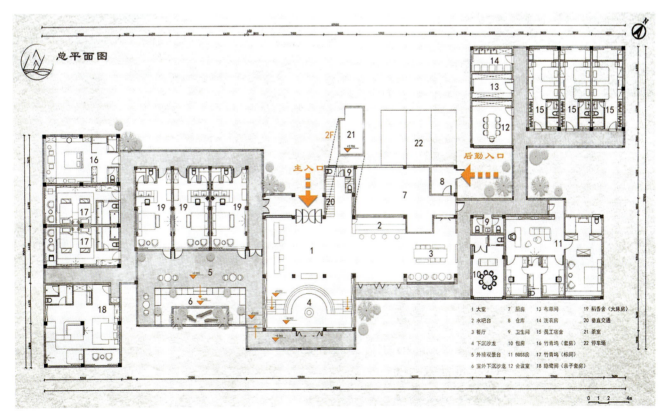

图4-23 空山隐——新洲区民宿室内设计

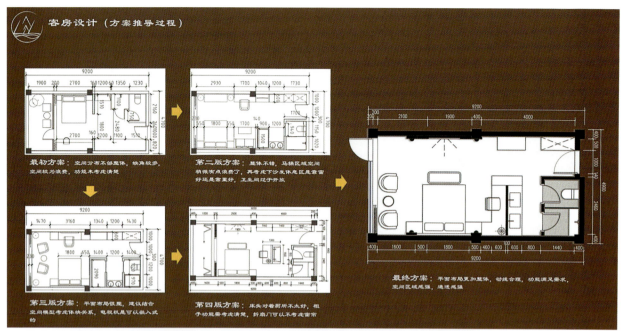

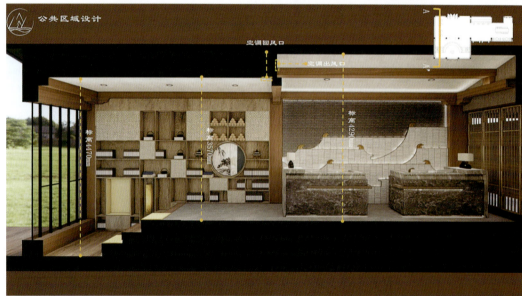

图 4-23（续）

第四章 室内设计实践案例

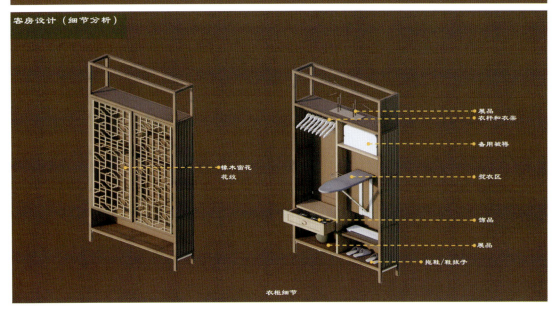

图 4-23（续）

室内设计原理

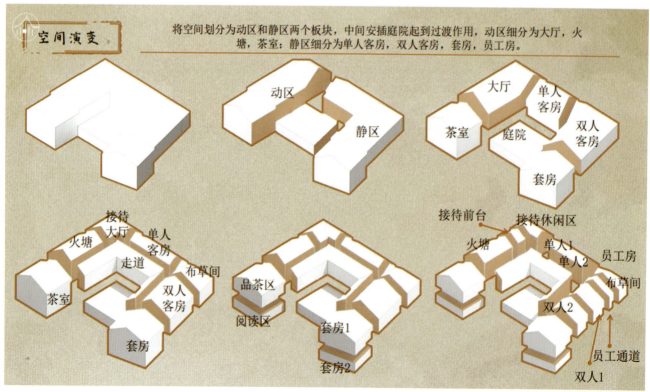

图 4-24　山舍——基于火塘文化的民宿空间设计

第四章 室内设计实践案例

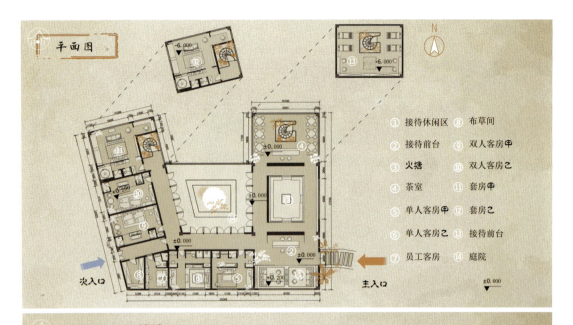

平面图

① 接待休闲区　⑧ 布草间
② 接待前台　　⑨ 双人客房甲
③ 火塘　　　　⑩ 双人客房乙
④ 茶室　　　　⑪ 套房甲
⑤ 单人客房甲　⑫ 套房乙
⑥ 单人客房乙　⑬ 接待前台
⑦ 员工客房　　⑭ 庭院

套房剖面效果图

构造对称的空间结构，使空间充满秩序、节奏、和谐的美感

效果图

构建对称空间，突出空间火塘主题的同时，延伸视线

图 4-24（续）

图 4-24（续）

图 4-25 隐逸青山·叙山灵事——基于宣恩非遗火塘文化背景下衍生的民宿设计

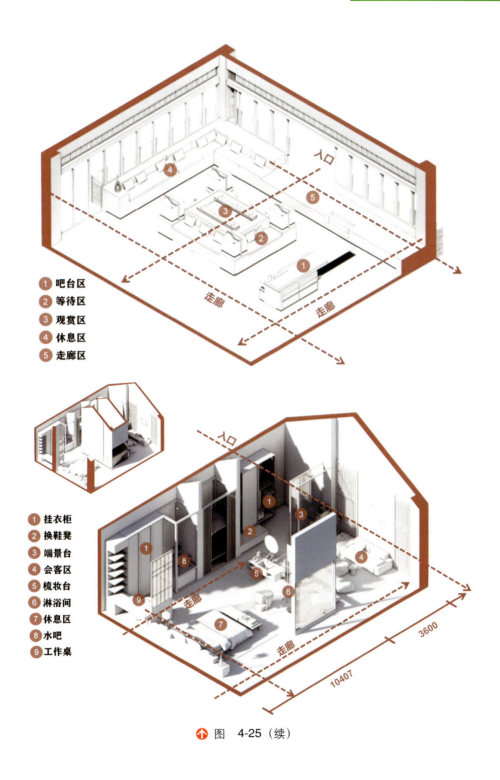

图 4-25（续）

第三节　餐饮空间室内设计

一、课程要求

（1）课题介绍：在指定的空间范围内进行室内设计，要求先进行所选品牌市场销售场景的调研，分析其存在的问题，保留可取之处，通过调研了解品牌销售现状。结合现有建筑构造及功能需求进行合理布局，并从餐饮品牌文化视觉设计策略开始，整合品牌设计与空间设计的系统化设计过程，开展主题性餐饮空间设计。

（2）训练目标：了解商业空间的经营特性和设计的基本方法，掌握不同消费群体的消费取向，对不同的商家和经营范围进行有针对性的策划，创造具有独立个性的商业空间形象，引导学生结合所学过的建筑室内设计基础理论，对餐饮空间文化有较系统的认识，从餐饮文化的特点入手尝试从生活中寻找主题并赋予空间，注重室内空间的情感设计。

（3）教学方式：讲授法、案例教学法、研讨法。

（4）作业要求：实操训练、各类图纸表达、模型分析。

二、设计案例

（一）项目介绍

小川洋风料理项目位于武汉市洪山区梳子桥路法国风情街，是一家经营和风日本料理的日式风格餐厅。

（二）建筑环境

项目建筑外立面整体为欧式风格（图4-26），场地构造由一个圆形和两个矩形组成（图4-27），在这样的结构条件下充满着挑战和创新。

图4-26　建筑外立面

（三）设计构思

一入门的圆柱酒柜（图4-28），实际上从风水上来说它便是入门的玄关展示；从空间上来说它起到了拓展空间以及延伸空间的视觉效果；从横向视角来看它拓展了整个空间的距离感，使空间显得宽裕而不拥挤；从竖向视角来说，圆体酒柜配上茶色的反光镜，拉伸了空间的通透感，这样一横一竖让整体空间里的一切都恰到好处。从实际来说，本设计将楼梯设计为隐藏式的传菜梯。与下层就餐区形成了一种空间的错落感，会发现下层就餐区延续了小川餐厅矩形木架的风格，是对旧元素的一种保留与致敬，它不是新与旧的转换，而是一种设计的交融。这种交融感体现在了墙面的格栅上，将矩形木架风格转换为一种错落的格栅形式，由入口开始贯穿至整个空间，仿佛格栅墙将新与旧的元素包含其中，矩形木架与新式的格栅相呼应，这样的空间对比感既是交错亦是交融。

图 4-27　场地原始结构

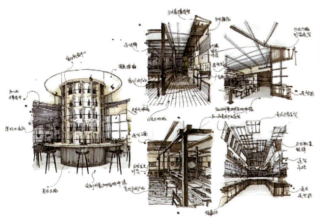

图 4-28　圆柱酒柜

(四)设计方案

小川洋风料理项目从设计上来说给人的第一印象是木质、暖意、矩形。整个空间中大量木质材料的运用,木质棕色带给人的暖意和方块木架搭建的矩形结构造型,实—虚—实的形式转变,自然光与暖光的交错,将这些全部融入格栅墙板里,既是墙又是光,既是形式又是窗户,既是设计又是艺术(图4-29)。

图 4-29　小川洋风料理项目

提及日料,自然少不了日式的装饰元素:灯笼、竹帘、灯饰。为了融入这些元素,本次设计特意将整体的空间挑高设计一圈屋檐,将这些日式元素组成一种画面形式,增加了空间里的趣味性。墙面上的淡黄色稻草漆不仅与灯光呼应,更为空间增加了一种老式的质感(图4-30)。

图 4-30　室内灯光与材质运用

开放式的厨房与隐蔽玻璃的设计,带给了客户与员工双重的保障。随处可见的灯光标语和日文标语都是为其精心打造的细节(图4-31)。

图4-31 厨房标识设计

三、学生作品赏析

学生作品赏析如图4-32和图4-33所示。

吧台散座
靠落地窗的吧台散座设置,让散客避免就餐尴尬

景观吧台
室内露天生态景观的设置,让食客与空间互动的同时感受自然

半包围卡座
条形半透明玻璃的设置让空间具有一定隐私性,让食客更自在地享受就餐环境

半圆五人卡座
环形卡座的设置与空间的弧形元素相呼应

图4-32 QING COFFE——轻食餐厅设计

图 4-32（续）

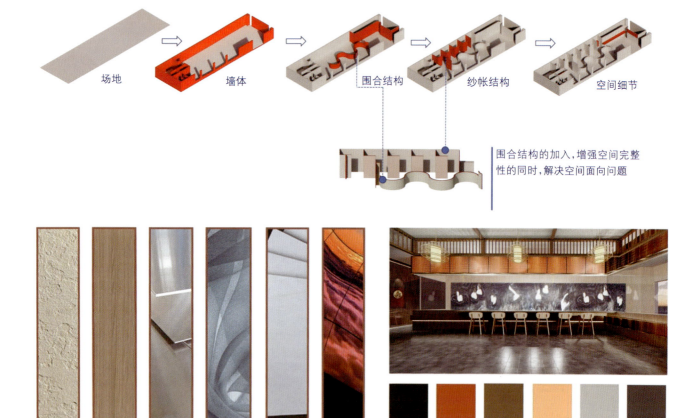

图 4-33　炙 春秋——光谷烤肉店方案设计

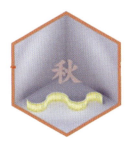

图 4-33（续）

第四节　办公空间室内设计

一、课程要求

（1）课题介绍：从对办公环境的了解与感知、办公空间设计的展开，以及办公空间设计的深化三个阶段进行逐步推进，从而模拟真实的项目设计过程，让学生认识到如何基于"行为研究"来对办公体验进行设计，创造一个有启发性的办公空间环境。

（2）训练目标：通过办公空间设计项目课题，让学生基本了解和掌握办公空间室内设计的方法，掌握办公空间的人机尺寸、企业文化与办公环境质量，从而提高工装室内设计的整体能力。

（3）教学方式：讲授法、案例教学法、研讨法。

（4）作业要求：实操训练、各类图纸表达、模型分析。

二、设计案例

（一）项目介绍

项目位于武汉市江汉区商务区的 SOHO 城,建筑面积约为 1007.4m²（图 4-34）。设计要求：库房原空间利用率低,在设计中将东西两侧库房墙体拆除,整合成为开敞通透的接待大厅；排油烟井不可拆除,对于空间的合理分隔造成一定影响,通过设计处理成为艺术装置体块,成为公司企业文化的载体；消防栓破坏使用空间的整体性移动位置,使其与核心筒墙体成为一体；空调机房有噪声污染,将计算机机房及厨房等噪声较大的空间紧邻该区域,将各噪音源集中化再降噪处理；卫生间面积利用率低,且占用较大面积的采光面。

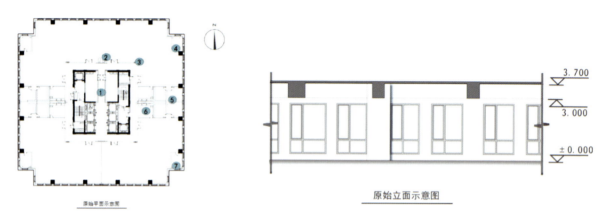

图 4-34 原始结构分析

（二）建筑环境

原始建筑梁下高度为 3.0m,天花设计在满足暖通设备等功能需求的同时,尽可能保证空间高度,吊顶高度整体控制在 2.6m,董事长办公室为 2.8m（图 4-35）。

图 4-35 场地现状

（三）设计构思

经过对使用者与原建筑空间的分析，设计师对总平面设计出了三种交通流线模式，根据每种流线有不同的设计方案（图4-36）。

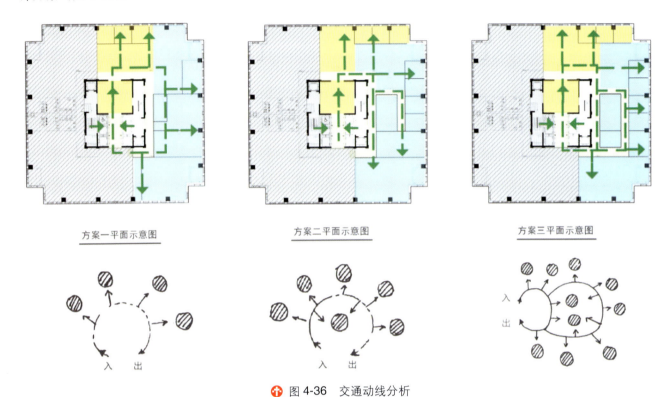

图 4-36　交通动线分析

一体化智能控制窗帘、暖通、照明，攫取成功机遇，赋予核心竞争优势。

窗帘：无论百叶窗还是遮阳卷帘、雨棚，或者卷帘门，智能办公系统、遮阳保护和节能都变得无比简单，均可通过面板开关或者智能手机以及平板电脑上安装的APP进行控制。

暖通：提供舒适节能的室温控制。可独立调节室温及具体要求、时间及房间的功能，调节出最佳室温控制。

照明：优质的工作效率来源于舒适的照明环境。无论独立办公室还是开敞办公区，智能灯控都可以实现最佳控制（图4-37）。

图 4-37　智能系统分析

坚持以绿色、返璞归真、亲和却不失现代感的原则进行空间的立面设计。以企业经营模式及企业文化为出发点，利用"云""山""海"的精神象征从中国古代山水画代表作中提炼画面空间及层次，将中国山水画进行艺术二次创作（图 4-38），以单纯的艺术符号表现概括，利用将铝板镂空，内置 LED 智能灯的新工艺进行立面空间的设计。

图 4-38　设计概念提炼

（四）设计方案

1．平面布置方案

以营造轻松亲和的办公环境为原则，以设计感极强的环形灯槽将松散的空间进行整合区分，视觉感更为开阔舒适，圆形的散流器出风口与灯具有序排列，摒弃传统天花布局，呈现出干净有序的吊顶（图 4-39）。

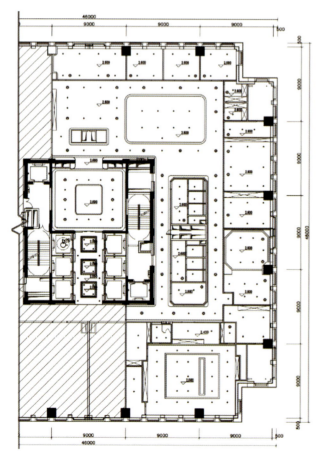
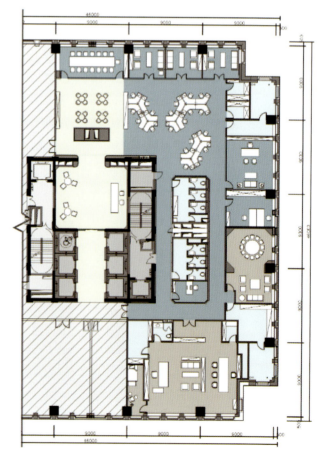

图 4-39　平面方案

2. 效果图方案

接待大厅欧式造型与办公大楼内部公共空间风格保持一致。以建筑语言对其进行修饰，提高空间品质。为保证接待区的通透性及引导性，采用了自动感应玻璃双开门，使人在电梯厅内就能一眼看到接待大厅内玄关的镂空装饰铝板上"山"的装饰元素，巧妙地表达了"开门见山"的寓意。电梯厅的铺地与接待大厅、休闲沙龙统一使用 600mm×600mm 青瓷白石材，通过铺地的统一处理将电梯厅与接待厅整合为更大的整体空间。（图 4-40）

图 4-40　接待大厅效果图

会议室原木色的会议桌与干净简约的立面相呼应，吊灯的金属材质与流畅的线条感具有极强的科技感与趣味性。青藻绿的软面会议椅使会议室更为淳朴原始、自然亲和，尽显企业以人为本、绿色人文的精神。洽谈室以轻松自然的浅色调为主，家具采用亲和自然的原木材料，返璞于简，原始纯朴的木材配上干净利落的硬装部分，淡雅却不简单，内敛之中体现企业追求较高品质的态度，同时给洽谈区以亲和包容的洽谈气氛（图 4-41）。

图 4-41　会议室效果图

开敞办公区力求营造自由更富活力的办公环境，在平面布局上未采用一般呆板严肃的布局格式，通过 120°转折组合办公桌进行空间再处理，人均面积利用率更大，使员工拥有更为轻松舒适的工作心态，也极大地促进了工作效率（图 4-42）。

公共走廊区将铝板、木饰面、玻璃高隔作为主要装饰材料，产生丰富的视觉及触感变化。而玻璃高隔间的门把手形式来源于原生态的树枝概念，贯穿走廊，如穿越大自然般舒适轻松（图 4-43）。

图 4-42　开敞办公室效果图　　　　　　　　图 4-43　走道效果图

总经理办公室用碧纱橱并加上绢纱，十分雅致，也随木格分割变得统一而和谐。传统装饰语言利用新的设计手法，简化了传统复杂的木纹装饰纹样，内嵌 PVC 羊皮纸，在灯光作用下，内置的艺术品仿佛皮影戏一般展现出完美轮廓（图 4-44）。

图 4-44　总经理办公室效果图

第四章 室内设计实践案例

三、学生作品赏析

学生作品赏析如图 4-45～图 4-47 所示。

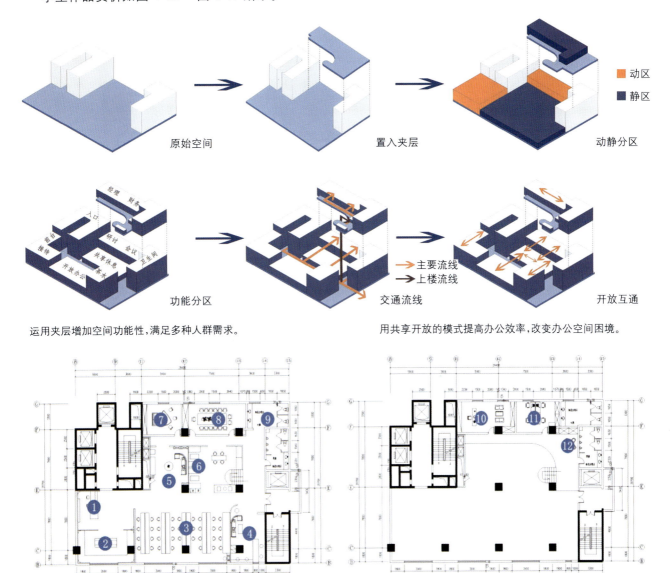

图 4-45　百词斩——共享办公空间设计

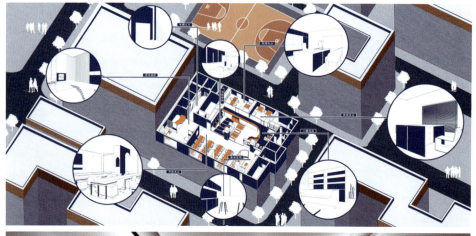

图 4-45（续）

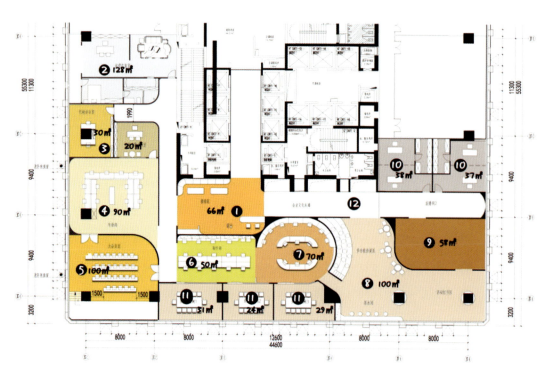

图 4-46　周黑鸭办公空间室内设计

❶ 接待区
❷ 总监室
❸ 主管办公室
❹ 市场部
❺ 大会议室
❻ 制作部
❼ 客服部
❽ 活动区
❾ 娱乐展示区
❿ 直播间
⓫ 头脑直播间
⓬ 公司文化长廊

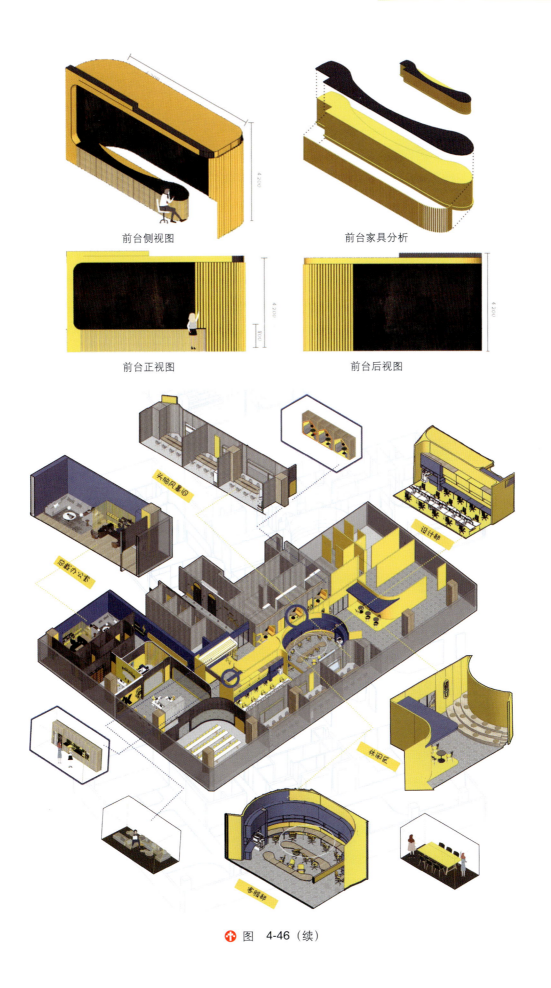

图 4-46（续）

图 4-46（续）

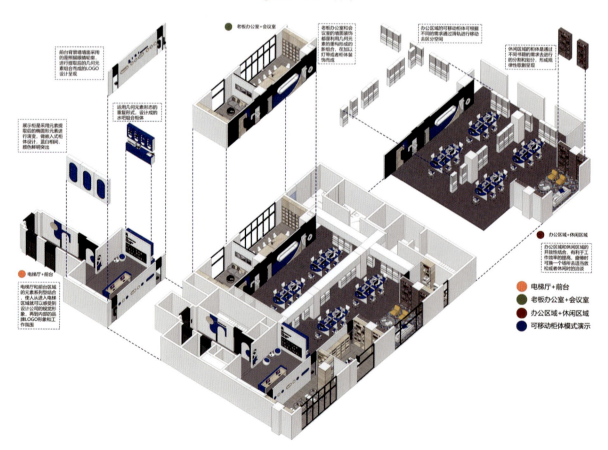

图 4-47 熊猫之眼——RIJI 睿集办公空间设计

第四章 室内设计实践案例

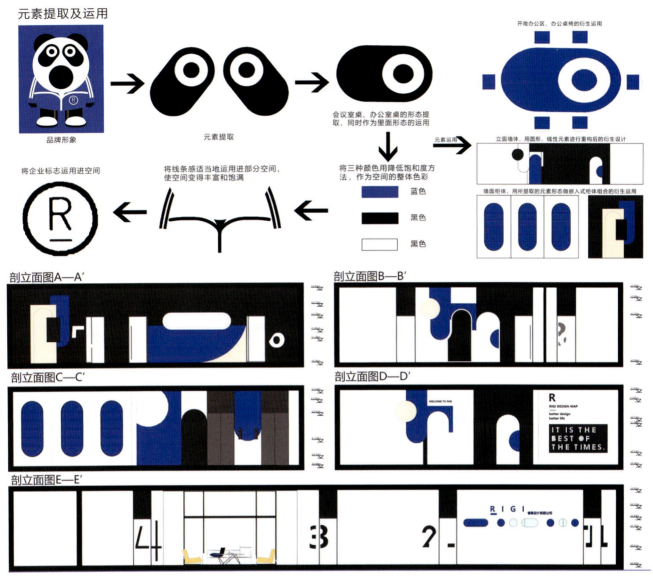

图 4-47（续）

参 考 文 献

[1] 来增祥,陆震纬. 室内设计原理 [M]. 北京：中国建筑工业出版社，2010.

[2] 张绮曼,郑曙旸. 室内设计资料集 [M]. 北京：中国建筑工业出版社，1991.

[3] 薛健. 室内外设计资料集 [M]. 北京：中国建筑工业出版社，2002.

[4] 李文彬. 建筑室内与家具设计人体工程学 [M]. 北京：中国林业出版社，2001.

[5] 邓雪娴,周燕珉,夏晓国. 餐饮建筑设计 [M]. 北京：中国建筑工业出版社，1999.

[6] 朱淳. 现代展示设计教程 [M]. 杭州：中国美术学院出版社，2002.

[7] 邓楠,罗力. 办公空间设计与工程 [M]. 重庆：重庆大学出版社，2002.

[8] 陈易. 室内设计原理 [M]. 北京：中国建筑工业出版社，2020.

[9] 郑曙旸. 室内设计思维与方法 [M]. 北京：中国建筑工业出版社，2003.

[10] 文建. 室内色彩、家具与陈设设计 [M]. 北京：清华大学出版社，2010.

[11] 胡沈建,陈岩,邓威. 室内设计原理 [M]. 杭州：中国美术学院出版社，2019.

[12] 黄成,陈娟,阎轶娟. 室内设计 [M]. 南京：江苏凤凰美术出版社，2018.